이 책은 도시의 과거·현재·미래를 모빌리티의 눈으로 소개합니다. 인류의 도시 문명 발전에 모빌리티가 어떤 역할을 했는지, 기후 위기 등 현대 도시가 직면한 문제는 무엇인지, 똑똑해진 교통, 즉 스마트 모빌리티로 상징되는 미래 도시의 모습은 어떨지 등을 다양한 사진과 삽화를 곁들여 흥미진진하게 그려냈습니다. 학자이자 행정가인 저자답게 자칫 어려울 수 있는 내용을 전문지식의 깊이를 잃지 않으면서도 독자의 눈높이에 맞게 쉽게 풀어썼습니다. 특히 심화 단계인 '이런 것도 생각해 보기'는 미래를 준비하는 여러분의 상상력을 한껏 자극할 것입니다.

◆ **장수은** 서울대학교 환경대학원 교수

궁금해!
상상을 현실로 만드는
모빌리티 수업

십 대가 꼭 알아야 할 친환경 과학기술
궁금해! 상상을 현실로 만드는 모빌리티 수업

펴낸날 1판 1쇄 2024년 1월 29일
찍은날 1판 2쇄 2024년 10월 18일
글 한대희
그림 이크종
펴낸이 정종호
펴낸곳 (주)청어람미디어
편집 홍선영
디자인 이규헌, 김세라
마케팅 강유은
제작·관리 정수진
인쇄·제본 (주)성신미디어
등록 1998년 12월 8일 제22-1469호
주소 04045 서울시 마포구 양화로 56, 1122호
전화 02-3143-4006~4008
팩스 02-3143-4003
이메일 chungaram_e@naver.com
홈페이지 www.chungarammedia.com
인스타그램 www.instagram.com/chungaram_media

ISBN 979-11-5871-240-2 43400

궁금해! WONDER

상상을 현실로 만드는 모빌리티 수업

십 대가 꼭 알아야 할 친환경 과학기술

한대희 글 ✦ 이크종 그림

☆성어람미디어

구경꾼이 될 것인가,
주인공이 될 것인가?

　지금 우리는 4차 산업혁명과 인공지능이라는 첨단과학 시대에 살고 있습니다. 빠르게 발전하는 혁신의 시대에 어떤 이는 구경꾼으로 남고, 누군가는 시대를 이끄는 주인공이 됩니다. 이들 사이에는 어떤 차이가 있을까요? 아마도 그 차이는 관찰하고 생각하고 행동하는 힘이 아닐까요? 무엇보다 '생각'은 모든 일의 '시작점'입니다. 우리는 무언가 불편함이나 문제를 인식했을 때 당면한 문제를 해결하고 더 나은 세상을 만들기 위해서 변화를 시도합니다. 문제를 인지하고 개선 방법을 찾고자 궁리하는 사람이 주인공이 됩니다.

　이 책에서 소개하는 미래 모빌리티는 여러분의 생각하는 힘과 어떤 관계가 있을까요? 자, 예를 하나 들어서 살펴볼게요. 여러분도 이런 생각을 해본 적이 있을 거예요. "왜 택시는 큰길로 나가서 타야 하지?", "더운 날씨에 버스 정거장까지 걸어가지 않아도 되는 좀 더 편한 방법은 없을까?" 평범한 듯 들리지만 일상에서 이런 불편함과 관련된 질문은 아마도 더 나은 교통수단을 발전시켜온 사람들이 한 질문일 겁니다. 그들은 이러저러한 불편함을 개선하기 위해 문제를 여러 관점에서 들여다보고 궁리하여 편리하고 안전하게 이동할 수 있는 기술을 발전시켰습니다.

최근 기후 위기에 따른 자연재해 뉴스와 관련해 자율주행자동차, 공유 자동차, 공유 서비스 등 새로운 모빌리티 보도가 자주 나옵니다. 여기서 말하는 모빌리티는 뭘까요? 그냥 교통이라고 말하지 않고 모빌리티라고 하는 이유는 뭘까요? 기후 위기와 모빌리티가 무슨 상관이 있을까요? 또 지속가능한 도시나 녹색도시와 모빌리티는 무슨 관련이 있을까요? 우리는 모빌리티의 어떤 점에 주목해야 할까요? 그리고 미래 모빌리티로 세상이 얼마나 어떻게 변한다는 걸까요? 우리는 무엇을 준비하고 어떻게 대응해야 할까요?

　이러한 질문에 대한 답을 찾는 데 도움이 되고자 이 책을 썼습니다. 제1장에서는 걸어서 이동하던 시대부터 대중교통이 생기기까지 이동 수단의 발전 과정과 도시의 변화를 살펴보았습니다. 문명과 기술은 어느 날 갑자기 뚝딱 만들어지지 않았습니다. 그래서 문명과 과학기술, 환경과 사회 등 여러 맥락 속에서 살펴봐야 합니다. 걷거나 마차를 타고 이동하던 시대에는 도시가 작았습니다. 기차가 발명되고 내연기관 자동차가 발명되고 먼 지역까지 이동할 수 있는 도로가 만들어지며 도시도 커졌습니다. 하지만 산업 발전과 함께 커진 도시에서는 이전에 없던 문제도 생겨났습니다. 이러한 변화들을 살펴보고 앞으로 일어날 문제를 예상하며 해결 방법을 제안했습니다.

　제2장에서는 기후 변화와 기후 위기에 대응할 탄소중립 목표에서 모빌리티의 변화가 왜 중요한지를 설명했습니다. 편리해진 교통 체계로 먼 거리 이동이 좀 더 편리해졌습니다. 경제적 기회가 커진

도시로 사람들은 더 많이 모여들게 되면서 도시는 점점 더 커졌습니다. 하지만 도시 크기에 비례해서 교통과 환경 문제도 점점 커졌습니다. 지금의 도시 문제를 개선해서 지속가능한 도시를 만들기 위해 모빌리티는 어떤 방향으로 변모해야 할지, 모빌리티의 역할은 무엇인지를 살펴보았습니다.

제3장에서는 모빌리티의 정의와 내연기관 자동차를 대체할 친환경 모빌리티들을 소개했습니다. 개인형 이동장치, 전기자동차, 수소연료전지 자동차, 도심항공교통(UAM), 통합연계 서비스(MaaS) 등 새로운 교통수단의 발전 배경과 현재 논의되는 핵심 이슈를 소개했습니다.

제4장에서는 미래 모빌리티의 핵심인 자율주행을 가능하게 하는 기술을 소개했습니다. 자율주행자동차에는 전기에너지나 수소에너지 같은 친환경 에너지 기술이 적용됩니다. 또한 완전 자율주행이 가능하려면 카메라·레이다·라이다 같은 센서와 이러한 기기에서 수집한 정보를 분석하고 판단하는 기술이 필요합니다. 여

기에는 하드웨어와 소프트웨어, 반도체 등과 인공지능 같은 기술 개발이 중요합니다. 친환경이면서 사람들의 이동성을 높여 줄 미래 모빌리티의 핵심 첨단과학 기술을 소개했습니다.

마지막으로 제5장에서는 가까운 미래에 모빌리티가 바꿀 세상을 소개했습니다. 역사적으로 기술 혁신은 편리함을 줄 뿐 아니라 삶의 방식과 산업구조를 바꿨습니다. 새로운 교통수단도 마찬가지입니다. 이동 수단의 형태나 종류의 변화뿐 아니라 이동하는 방법과 습관에도 변화가 생길 것입니다. 그리고 우리가 사는 도시 구조도 바뀌게 될 것입니다. 기존의 자동차 산업에서 전기·전자·정보통신 등 여러 부문에서 새로운 산업이 등장하고, 에너지 전환도 급속히 진행될 것입니다. 그리고 여러분의 미래 직업에도 큰 변화가 예상됩니다. 이러한 미래의 변화를 여러 관점에서 소개했습니다.

이 책을 통해 미래 모빌리티 관련 용어의 개념을 이해하고 미래 모빌리티에 조금 더 친근해졌으면 좋겠습니다. 기후 위기, 녹색도

궁금해! 상상을 현실로 만드는 모빌리티 수업

시, 지속가능한 도시 그리고 미래 모빌리티가 어떻게 서로 연관이 있는지를 큰 틀에서 이해할 수 있기를 기대합니다. 또한 현재 국내외에서 개발 중인 모빌리티 종류와 형태, 다양한 서비스와 이에 적용되는 첨단 기술, 미래의 교통체계 그리고 앞으로 변화될 세상을 상상해 볼 기회가 되기를 희망합니다.

앞으로 여러분이 맞이할 세상의 도시계획과 교통공학도 달라질 것입니다. 건물을 짓거나 도로와 철도를 건설하는 등의 전통 방식 외에도 드론으로 상품을 배송하고, 자동차를 공유하며 자율주행자동차와 에어택시를 타는 시대에 필요한 과학기술이 포함될 것입니다. 기술적인 발전 외에도 앞으로 새로운 모빌리티에 맞는 새로운 규범도 준비해야 합니다. 지속가능한 도시로 만들고 모두에게 공정하게 이동권이 보장되는 교통체계를 구상하는 데도 이 책이 도움이 되면 좋겠습니다. 혁신의 시대, 호기심과 생각을 힘을 키우는 여러분이 바로 주인공입니다!

2024년 한대희

차례

걸어서 다니던 시대에서
자동차의 시대로

교통의 발달과 도시의 성장

모빌리티의 역사는 두 발로 시작되죠.

합승마차는 대중교통이란
개념도 만들고요.

노면 전차는
이동거리와 도시의 크기를
한 단계 더 키웠습니다.

그 후 수레와 마차가
등장하고

딱 이만큼이
도시의 크기지!

현대의 탈것들은
더욱 비약적으로 발전 중이죠!

이제 앞으로 나아갈 길은 어쩌면...

순간이동
이려나..

뾰
뿅

그럼
도시 크기는
무한대?

도시는 어떻게 확장되었을까?

혼잡해지는 도시와 환경오염, 그리고 교통수단 사이에는 어떤 관련이 있을까?

이동 수단으로만 알았던 교통에 관해 무엇을 더 알아야 할까?

걸어서 이동하던 시대, 도시의 최대 거리는 800m

고대에는 농경지와 가까운 곳, 걸어서 다닐 수 있는 거리에 사람들이 모여 살면서 도시가 생겼습니다. 중세 시대에는 외부 침입을 알리는 교회 종소리가 들리는 거리 내에 모여 사는 형태로 도시가 형성되었습니다. 외부 침입에 대비해 도시 둘레에 성을 쌓았는데 그 거리가 시내 중심으로부터 최대 800m였다고 합니다.[1]

16세기 무렵에는 말을 이용한 수레와 마차를 타고 이동했습니다. 바퀴가 있는 마차를 이용한 교통수단은 서양사에서 고대와 5~16세기 중세를 지나서 르네상스 시대까지 이어졌습니다. 바퀴를 이용한 이동 수단은 무거운 물건과 많은 물건을 실어 나르는 데 용이했습니다. 바퀴는 인류 역사에서 중요한 발명품입니다. 정확한 발명 시기는 알 수 없지만 이집트 피라미드 건설에 필요한 돌을 통나무 바퀴로 운반했다는 기록이 있고, 기원전 3500년경에 발명되어 기원전 2000년 전 히타이트족이 바큇살 있는 바퀴를 발

외부 침입에 대비해 도시 둘레를 성벽으로 둘러쌓은 프랑스 남부 요새 도시 카르카손

명해 튼튼하고 빠른 전차를 만들었다고도 합니다.[2]

바퀴를 이용한 마차는 사람들을 먼 거리로 이동시켜 주는 교통 수단이었습니다. 하지만 마차가 늘어나면서 보행자와 충돌하는 사고가 빈번해지는 문제도 발생했습니다. 도로 안전 문제를 해결하기 위해 지금처럼 도로 가장자리에 사람들이 안전하게 지나다 닐 수 있는 보도를 만들어 충돌사고를 줄였습니다. 산업혁명 시대 이전까지 교통수단은 걸어서 이동하거나 동물이나 바퀴를 이용한 마차가 전부였습니다.

궁금해! 상상을 현실로 만드는 모빌리티 수업

합승마차, 사회 변화를 일으키다

17세기에 들어서 인류 최초의 대중교통인 말이 끄는 합승마차가 등장합니다. 우리에게 수학자·물리학자·철학자·발명가 등으로 유명한 블레즈 파스칼이 1662년 파리를 관통하는 합승마차 노선 5개를 운영했습니다. 그래서 파스칼은 '대중교통의 아버지'라고도 불리기도 합니다. 하지만 이 인류 최초의 대중교통은 이용 요금이 오르고 합승마차와 보행자 간 교통사고가 연이어 발생하면서 1680년 운행을 중단했습니다.

파스칼의 합승마차는 최초의 대중교통이라는 점 외에도 주목할 점이 더 있습니다. 이전까지 귀족의 전유물이던 고급 유개(덮개) 마차를 평민도 귀족과 같은 요금으로 같은 공간에 타고 이동

모리스 드롱드르의 〈옴니버스에서는〉 (1885년 작)

할 수 있게 되었다는 점입니다. 교통수단의 변화가 구분이 엄격했던 신분 사회에 변화를 일으킨 겁니다.[3, 4]

산업혁명과 이동 수단의 발달 그리고 교외 도시의 탄생

18세기 후반부터 약 100년(1760~1840년) 동안 유럽에서는 산업혁명이 일어나며 생산기술에 혁신이 일어납니다. 이러한 변화는 영국에서 제임스 와트의 증기기관을 이용한 면직기 방적기계 개량을 시작으로 유럽 여러 나라로 확산되었습니다.

산업혁명 초기에는 마차가 유일한 장거리 교통수단이었습니다. 개인 마차를 가지지 못한 사람들은 먼 거리까지 이동할 수 없어

공장들에서 나오는 매연으로 가득한 19세기 독일의 산업 도시 바르멘의 풍경

일터가 있는 도시의 공장 지역에 살았습니다. 산업혁명이 진행되던 당시의 도시 환경은 거주하기에는 열악했습니다. 일자리를 찾아 도시로 온 사람들로 인구밀도가 높고, 늘어난 공장들에서 나오는 매연으로 공기 질이 나빴고, 공장 폐수에 섞여 나온 유독물과 불순물 등이 하천과 강으로 유입되어 악취도 심했습니다. 산업화가 진행되며 이처럼 도시 환경이 점점 더 나빠지자 쾌적한 환경을 찾아 교외로 이주하려는 사람들이 생겼습니다. 그들의 대다수는 도시 공장에서 일하지 않아도 되는 부자들이었습니다.

19세기 들어 파리에 좀 더 먼 거리까지 갈 수 있는 말이 끄는 합승마차가 다시 등장합니다. 그리고 1820년 프랑스 중서부 낭트에서 군인들의 출퇴근용으로 이용되었고 유럽의 다른 나라로도 퍼졌습니다. 오늘날 우리가 사용하는 버스(bus)라는 단어는 이때 합

옴니버스(omnibus)는 라틴어로 '만인을 위한 것'이라는 뜻입니다.

승마차를 부르던 옴니버스에서 유래했다고 합니다.[5] 옴니버스는 운임은 비쌌지만 좀 더 먼 거리까지 이동할 수 있는 교통수단이었습니다. 이런 옴니버스의 등장은 공장이 많은 도시의 환경에서 벗어나 전원생활을 원하던 부자들에게는 도시를 떠나 교외로 이주할 좋은 기회가 되었습니다.

1825년 철도의 아버지로 불리는 조지 스티븐슨이 발명한 증기기관차가 상용화되면서 변화는 더 빨라졌습니다.[6] 철도 노선이 도시 외곽으로 건설되자 교외로 빠져나갈 기회가 더 많아졌습니다. 오늘날의 전원도시가 이 시기에 생기기 시작했습니다. 하지만 여전히 철도역까지는 걷거나 마차를 타고 가야 하는 불편이 있다 보니 그리 큰 규모는 아니었습니다.

산업혁명 이후 철도 건설과 증기기관차의 운행은 도시 확장뿐 아니라 도시 발전에도 크게 이바지했습니다. 1863년 영국 런던에 많은 사람을 실어 나를 수 있는 지하철이 운행되기 시작했습니다. 패링던 스트리트와 비셥스 로드의 패딩턴을 잇는 5.6km 구간을 오간 첫 지하철은 증기기관차였습니다.[7]

1879년 독일 지멘스가 전기로 움직이는 노면전차 트램을 세계 박람회에서 공개하고, 1881년 독일 베를린 교외에서 운행을 시작했습니다.[8] 전기를 사용하는 이 노면전차는 증기기관차보다 조용하고 오염물질 배출이 적어서 지금으로 표현하면 친환경 교통수

리버풀과 맨체스터 철도 노선을 운행한 증기기관차

세계 최초의 전기 노면전차(1881, 독일 베를린, 지멘스 회사)

단이었습니다. 그러다 보니 도시의 증기기관 철도 자리를 점차 노면전차가 대체하고 여러 도시에서 노면전차가 운행되었습니다.[9]

교통수단은 이제 자동차로 옮겨갑니다. 1876년 독일의 기계 기술자인 니콜라우스 오토가 4행정 내연기관을 발명하며 자동차의 역사가 시작됩니

> 4행정기관(four stroke engine)이란 흡입→압축→폭발→배기 과정을 1번 완성하는 동안 피스톤이 4행정하거나, 크랭크 축이 2회전하는 기관입니다.

다. 1885년 독일 기술자 카를 벤츠가 세계 최초로 휘발유를 사용하는 3륜 자동차 모터바겐을 선보였습니다. 그리고 1894년 독일의 공학자 루돌프 디젤이 디젤 엔진을 개발했습니다.[10]

자동차가 발명되기는 했지만 대중교통처럼 많은 사람이 함께 타고 이동할 수 없고, 몇몇 사람만 이용할 수 있는 데다가, 제작도 사람이 직접 조립하다 보니 생산량이 한정되어 가격도 비싸서 대중화되기 어려웠습니다. 그러다 1908년 미국 헨리 포드가 '모델T'를 제작 판매하면서 본격적으로 자동차가 보급되기 시작합니다.

헨리 포드는 컨베이어 벨트를 도입해 자동차를 대량 생산했습니다. 그리고 1920년대 미국 텍사스에서 원유가 발견되면서 휘발유 가격이 내려가자 그 덕분에 연료비가 내려가며 자동차 수가 늘고 대중화가 일어납니다. 자동차 소유가 증가하던 시기에 미국에 경제 대공황(1929~1939년)이 닥칩니다. 정부는 이를 극복하기 위해 댐이나 도로 등 기반 시설 건설에 적극 투자합니다. 제2차세계대전이 끝나고 경제 상황이 회복세를 찾자 자동차 수는 더 증가

세계 최초의 자동차 페이턴트 모터바겐

대량 생산으로 자동차를 대중화한 포드의 모델T

합니다. 그리고 늘어나는 자동차를 감당하기 위해 새로운 도로를 계속 건설했습니다. 먼 지역까지 이동할 수 있는 고속도로가 생기자 이동량이 증가하면서 도시도 빠르게 늘어나고 그 규모도 커지게 됩니다. 하지만 자동차 증가량을 따라가지 못해 여전히 도로는 혼잡했습니다.

점점 더 커지는 도시와 대중교통

이처럼 교통수단이 발달하고 물자와 인구가 이동하면서 도시수가 늘어나고 규모도 커졌습니다.[11] 독일 학자 자하비의 연구에 따르면 사람들은 약 1시간에서 1시간 30분 정도가 소요되는 범위 내에서 이동 수단이나 생활 범위를 결정한다고 합니다. 도로 개선이나 교통수단 발달로 통행 시간이 짧아지면 약 1시간에서 1시간 30분 거리 내에서 좀 더 쾌적한 곳으로 거주지나 회사 입지를 선택하는 것입니다.[12] 거주지나 일터를 외곽으로 옮기는 사람과 회사가 많아지면 그에 따라 도시도 점점 커지게 됩니다.

하버드대학교 에드워드 글레이져 교수는 《도시의 승리》에서 "인류 최고의 발명품은 도시"라고 말했습니다.[13] 도시는 직장, 학교, 병원, 백화점이나 마트, 운동장 등 여러 시설이 모여 있어서 생활하기에 좋고 여러 사람과 쉽게 교류할 수 있다는 장점이 있습니다. 공공기관이나 문화시설, 병원과 같은 생활에 편익을 제공하는 시설이 모여 있고 직장 같은 경제 활동도 가능한 곳이 바로 도

교통수단과 도시 공간 변화 과정

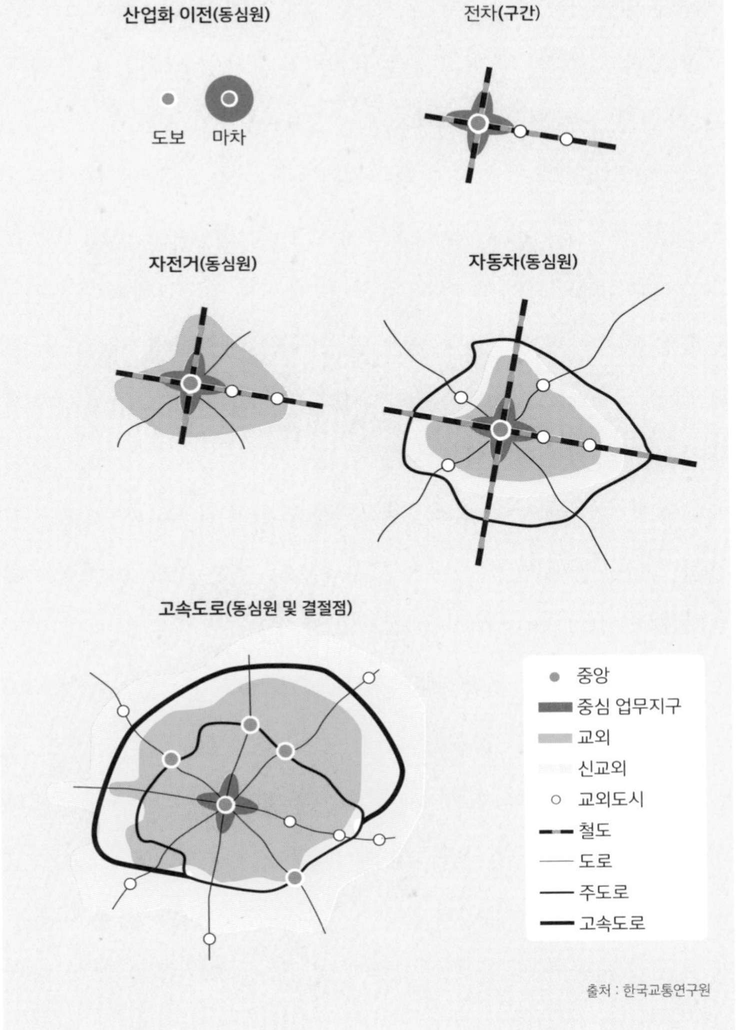

산업화 이전(동심원)

도보   마차

전차(구간)

자전거(동심원)

자동차(동심원)

고속도로(동심원 및 결절점)

- ● 중앙
- ▬ 중심 업무지구
- 교외
- 신교외
- ○ 교외도시
- ▬ ▬ 철도
- ── 도로
- ── 주도로
- ━━ 고속도로

출처 : 한국교통연구원

시입니다. 교육시설도 큰 도시에 더 집중적으로 세워졌습니다. 사람들은 이런 도시로 계속해서 모여들고 그러다 보니 대도시로 발전하게 되었습니다.

2022년 기준 전 세계 인구는 80억 명을 넘었습니다. 세계의 도시 거주 인구는 1975년 15억 명에서 2015년 35억 명으로 증가했습니다. 통계대로라면 40년 동안 세계 인구는 거의 두 배 이상 증가한 것입니다. 그리고 현재 세계 인구의 거의 절반이 5만 명 이상이 거주하는 대도시에서 생활하고 있습니다. 경제협력개발기구(OECD)에서는 2050년에는 5만 명 이상의 대도시에 거주하는 세계 인구는 50억 명에 이르고, 전 세계 인구의 약 55%가 도시에 거주할 것으로 예측합니다.[14]

이렇게 도시화의 진행은 도시를 경제 활동에 유리한 환경으로 만들었지만, 한편으로는 높은 인구밀도와 도로 혼잡, 환경오염 등 도시 문제를 발생시키기 시작했습니다.

사람들이 도시에 모여들어 인구밀도가 높아지고 도시가 커지면서 대중교통이 더 필요해졌습니다. 도시 속 대중교통은 버스와 철도처럼 정해진 운임을 받고, 정해진 노선을 정해진 시간에 운행하는 주요한 교통수단입니다. 이러한 대중교통을 '시민의 발'이라고 표현하기도 합니다. 개인이 자동차를 구매하고 유지하는 비용보다 요금이 저렴하고, 한 번에 많은 사람을 실어 나를 수 있어 이용객도 많아 도로 교통의 혼잡을 줄일 수 있기 때문입니다.

궁금해! 상상을 현실로 만드는 모빌리티 수업

일부 도시에서는 대중교통보다 오토바이로 출퇴근하기도 합니다.

앞에서 소개했듯이 초기의 대중교통은 말이 끄는 합승마차 형
태였습니다. 이후 증기기관 철도, 전기로 이동하는 노면전차 등이
발명되면서 오늘날의 대중교통으로 변화됐습니다. 우리나라보다
먼저 자동차가 보급된 선진국에서는 이미 도로를 건설하는 것만
으로는 도로의 혼잡을 해소할 수 없음을 경험했습니다. 그래서
1990년대 초부터 대중교통을 우선하고 승용차 이용을 줄이는 교
통 수요를 관리하고 있습니다.[15] 전 세계 많은 국가가 도시 내 버스
와 도시철도 등 대중교통 부문에 투자하고 있습니다.

하지만 대중교통은 여전히 불편합니다. 정해져 있는 운행 시간, 모든 지역이나 모든 도로에 다니지 않아 접근성(Last-mile)에 한계가 있습니다. 원하는 시간에 타고 내릴 수 없고, 원하는 목적지까지 한 번에 갈 수 없기도 해서 불편합니다. 이러한 한계가 있기는 하지만 대중교통은 시민의 발 역할을 하고 있습니다. 따라서 대중교통의 인프라 확충에 지속적인 투자가 필요합니다.

유럽의 도시나 어느 정도 발전한 국가에서는 접근성이 좋은 대중교통을 제공하고 있지만, 개발도상국에서는 아직 일부 지역에서만 대중교통을 이용할 수 있습니다.[16] 그래서 대중교통이 부족한 지역에서는 개인별로 자동차나 오토바이, 자전거 같은 다른 교통수단을 이용하는 걸 볼 수 있습니다.

자동차 산업과 도시, 그리고 경제 활동

많은 사람이 모여 사는 도시는 경제 활동의 중심지입니다. 여러 산업이 모여 있지만 그중 자동차 산업은 이동 수단으로서의 자동차 생산뿐 아니라 차와 관련된 다양한 산업구조를 갖추고 있어 경제 부문에서 상당한 비중을 차지합니다.

내연기관 자동차는 2만여 부품과 여러 분야 최신 기술의 집합체입니다. 우리나라는 2017년도 기준 자동차 412만 대를 생산했는데, 이는 전 세계 자동차의 4.18%에 해당합니다. 자동차 생산액은 197조 원으로 통계청 〈경제총조사 조사보고서〉(2015)에 따르면

궁금해! 상상을 현실로 만드는 모빌리티 수업

내연기관 자동차는 2만여 부품이 필요하고 여러 분야 최신 기술이 결합되어 있습니다.

제조업 생산의 13.6%, 고용시장의 11.8%, 부가가치의 12%를 차지합니다.[17] 우리나라만이 아니라 전 세계적으로도 자동차 산업은 규모가 큽니다. 세계 자동차 생산 대수가 2018년 기준 9,672만 대인데, 매출 규모는 약 2조 5,000억 달러로 전 세계 GDP의 2.8%에 해당합니다. 자동차 산업에 종사하는 사람도 약 900만 명으로 전체 제조업 종사자의 6%가 넘습니다.[18]

여기서 잠깐, 경제 부문에도 상당한 영향을 미치는 자동차는 어느 나라가 가장 많을까요? 자동차 등록 대수가 가장 많은 나라는 미국입니다. 2017년도 기준으로 2억 7,000만 대가 등록되어 있습니다. 인구 1,000명당 자동차 보유는 837대입니다. OECD 회원국 중 이탈리아는 705대, 캐나다와 스페인, 영국, 일본, 독일이 500~600대 수준입니다. 우리나라는 425대입니다. 중국(141대)과 인도(35대)는[19] 선진국과 비교하면 보유 대수는 적지만 그 수가 빠르게 늘고 있습니다. 만약 이들 국가에서 인구 1,000명당 자동차 보유 대수가 선진국 수준인 600대가 된다면, 앞으로 중국은 325%(지금의 4.25배), 인도는 1,614%(지금의 17.14배)로 성장하는 겁니다. 이러한 추세라면 자동차와 관련된 에너지 산업과 환경 문제 등이 전 세계에 미치는 영향은 앞으로도 상당할 것으로 예상할 수 있습니다.

자동차 탄소발자국과 환경 문제

증가하는 자동차로 인한 환경 문제는 기후 위기와 관련해 자주 등장합니다. 특히 자동차 부문에서 에너지 전환 이슈가 커지고 있습니다. 그린피스에서 발표한 〈무너지는 기후: 자동차 산업이 불러온 위기〉 보고서에서는 2018년도 기준으로 "자동차 탄소발자국은 48억t으로, 이는 전 세계 이

> 자동차 생산부터 사용(10년간 20만km), 폐기까지 자동차가 배출하는 이산화탄소의 총량입니다.

산화탄소 배출량의 9% 수준"[20]이고, "내연기관 자동차 한 대의 생애주기 평균 자동차 탄소발자국은 50t이지만 전기차는 20t대에

궁금해! 상상을 현실로 만드는 모빌리티 수업

불과하다"[21]라고 밝혔습니다. 내연기관 자동차가 내뿜는 이산화탄소가 상당하며 이는 기후 위기를 앞당기고 있는 것입니다. 여기에 비해 전기자동차는 탄소발자국이 내연기관 자동차보다 월등히 적습니다.

집에서 학교로 또는 집에서 일터로 이동할 때, 여행을 떠날 때 우리가 이용하는 교통수단은 아직 화석연료를 사용하는 내연기관 자동차가 더 많습니다. 도시와 도시를 잇는 교통체계, 많은 사람이 일상적으로 타고 다니는 자동차와 대중교통을 친환경적으로 바꾸려는 노력은 기후 위기 대응의 한 방법이 될 수 있습니다. 미래 모빌리티의 변화는 이러한 문제들과 맞닿아 있습니다.

버스 정류장이나 전철역까지의
거리가 중요한 이유는 뭘까?

대중교통에서 연계 교통이 중요하다는 말을 들었어요. 연계 교통이 정확히 무슨 뜻인지 모르겠어요. 그리고 연계 교통이 왜 중요하다는 건가요?

같은 도시에 사는 사람 모두에게 교통 서비스가 동등하게 제공되고 있을까? 한 도시의 교통 서비스의 수준은 대중교통 서비스가 어떤지로 알 수 있단다.

대중교통을 이용하는 습관을 예로 들어볼게. 자가용을 가진 사람이 어떤 경우에 자기 차 대신 대중교통을 타고 이동할까? 아마도 본인 차로 이동할 때보다 대중교통이 시간이나 비용면에서 절약될 때일 거야. 다시 말해 대중교통과 개인 차량 이용 중 어느 쪽이 더 이득인지를 비교하고 선택하는 거지. 그래서 대중교통이 한 도시의 실제 교통 서비스 수준이라고 하는 거야.

하지만 같은 도시에 살더라도 대중교통을 이용하는 데는 차이가 있어. 집이나 회사에서 대중교통을 이용하려면 버스 정류장이나 전철역, 혹은 철도역까지 이동해야 하잖아. 이때 출발 장소에서부터 버스 정류장이나 지하철역까지의 거리를 퍼스트 마일(First-mile), 즉 첫 구간이라고 해. 그리고 타고 내린 정류장에서 최종 목적지까지의 거리를 라스트 마일(Last-mile)인 최종 구간이라고 하고. 연계 교통은 바로 이걸 말하는 거야. 사는 지역에 따라 첫 구간이 가까울 수도 있고 멀 수도 있어. 걸어서 갈 수도 있고 마을버스나 자전거 등을 이용할 수도 있지. 최종 구간도 마찬가지고.

대중교통의 단점 중 하나가 바로 이 첫 구간과 최종 구간이 멀다는 데 있어. 걷기 좋은 날씨에는 그럭저럭 괜찮지만, 더운 여름이나 비가 오는 날, 기온이 영하로 떨어지고 바람이 찬 겨울철에는 불편한 점이 많잖아. 그래서 다들 역세권을 찾아 정류장 근처나 지하철역 근처에 살고 싶어 하는 것이고. 연계 거리나 시간이 짧을수록 대중교통 이용이 늘지 않을까? 그러려면 정부가 대중교통 시설을 개선하고 투자를 계속해 나가야 해.

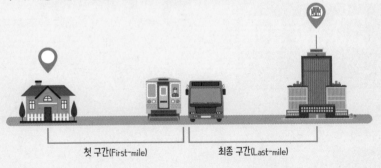

첫 구간(First-mile)   최종 구간(Last-mile)

제 **2** 장

지구 환경을 위한
탄소중립과 모빌리티

친환경 이동 수단 – 녹색 모빌리티

버스는
겨우 두 대.

노면전차는 한 대면
된다는 사실!!

사람 200명을 수송하는데

자동차는 175 대가
필요하지만

기후 위기와 교통수단은 어떤 관계일까?

지속가능한 도시는 언제부터 나온 말일까?

자동차, 대중교통, 자전거, 도보는 환경에 미치는 영향이 어떻게 다를까?

어떤 모빌리티가 미래를 위해 더 나은 선택일까?

기후 위기와 녹색 모빌리티, 그리고 녹색도시

요즘 들어 녹색성장, 녹색경영, 녹색교통처럼 '녹색'이 들어간 단어를 자주 보고 듣습니다. 특히 기후 위기라는 파도를 헤쳐 나가며 그 목적지를 상상할 때 녹색이 상징적으로 자주 사용되고 있습니다. 왜 그럴까요?

우주에서 지구를 보면 바다와 구름 그리고 육지가 보입니다. 육지는 땅의 색, 그리고 생물의 색인 녹색입니다. 녹색은 생명을 상징합니다. 풀의 빛깔이고, 나뭇잎의 색입니다. 울창한 숲, 풍성한 수확, 번영을 연상시키고 성장·안정·재생 등을 상징합니다. 이런 이유로 녹색은 환경운동이나 생태주의의 상징색으로 대표되고 있습니다. 색상과 사람의 감정을 연구하는 색채 심리학에서는 지속가능하며 친환경적인 브랜드나 식료품, 금융기관 로고 등을 표현하는 데 녹색이 이상적이라고 말합니다.

도시나 교통수단에서 말하는 녹색도 비슷한 의미입니다. 녹색

녹색 지구와 녹색 숲은 건강한 생태환경을 상징합니다.

도시는 '자연과 사람이 건강하게 활동할 수 있는 친환경 도시'입니다. 녹색교통은 탄소 배출량이 없거나 적은 교통체계를 말합니다. 과거에는 대중교통과 자전거 보행 정도만을 녹색교통이라 생각했지만, 현재는 전기를 동력원으로 사용하는 친환경 자동차(전기·수소연료전지 자동차)와 개인 이동장치(퍼스널 모빌터리 등)도 포함합니다. 지금 우리 앞에 닥친 기후 위기라는 큰 파도를 해쳐나갈 방향은 녹색도시를 만들 녹색교통입니다.

궁금해! 상상을 현실로 만드는 모빌리티 수업

지속가능한 개발, 지속가능한 도시를 만드는 노력

우리가 살고 있는 지구는 지금 세대의 전유물이 아닙니다. 다음 세대, 그다음 세대가 살아갈 터전입니다. 그들이 잘살 수 있도록 지키고 보존해야 합니다. 지구는 지금 세대가 다음 세대에게 물려줄 선물입니다.

'지속가능성(sustainability)'이라는 개념이 처음 등장한 것은 1972년 로마클럽에서 발표한 보고서에서였습

'지속가능성'이라는 개념이 처음 등장한 로마클럽 보고서 〈성장의 한계〉

니다. 로마클럽은 1970년 3월 세계 25개국의 과학자·경제학자·교육자·경영자들이 창립한 민간 단체로, 1960년대 말부터 본격적으로 나타난 환경 문제를 논의하고자 설립되었습니다. 이탈리아 로마에서 첫 회의를 열었기 때문에 로마클럽이라는 이름이 붙었습니다. 로마클럽은 미국 매사추세츠공과대학교(MIT)의 시스템 다이나믹스 그룹에 의뢰해 작성한 〈성장의 한계〉 보고서를 통해 "인구 급증과 급속한 공업화, 식량 부족, 환경오염, 그리고 자원 고갈 등의 다섯 가지 문제가 지금(1972) 추세로 지속된다면 세계 경제 성장은 100년 이내에 멈출 수밖에 없다"라고 경고했습니다.[1]

'지속가능한 개발'은 1987년도 국제연합(UN)의 브룬틀란 위원회가 발간한 보고서에 처음 등장하는데[2] "미래 세대가 그들의 필

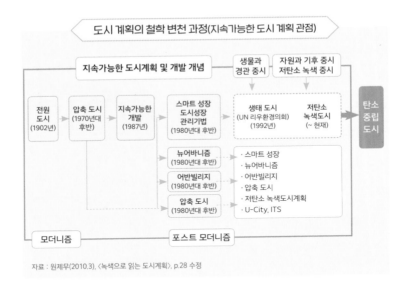

도시 계획의 철학 변천 과정(지속가능한 도시 계획 관점)

지속가능한 도시계획 및 개발 개념

생물과 경관 중시

자원과 기후 중시 저탄소 녹색 중시

전원 도시 (1902년) → 압축 도시 (1970년대 후반) → 지속가능한 개발 (1987년) → 스마트 성장 도시성장 관리기법 (1980년대 후반) → 생태 도시 (UN 리우환경의회) (1992년) → 저탄소 녹색도시 (~ 현재) → 탄소 중립 도시

뉴어바니즘 (1980년대 후반)
어반빌리지 (1980년대 후반)
압축 도시 (1980년대 후반)

· 스마트 성장
· 뉴어바니즘
· 어반빌리지
· 압축 도시
· 저탄소 녹색도시계획
· U-City, ITS

모더니즘

포스트 모더니즘

자료 : 원제무(2010.3), 〈녹색으로 읽는 도시계획〉, p.28 수정

요를 충족시킬 능력을 해치지 않으면서 현재 세대의 필요를 만족하는 개발이다"라고 정의하고 있습니다. 또 1992년 브라질 리우데자네이루에서 열린 유엔환경개발회의(UNCED)의 리우 선언에서는 "21세기 지구환경 보전을 위한 기본 원칙"이라고 발표하기도 했습니다.

지속가능성을 도시에 적용한 '지속가능한 도시 계획 및 개발 개념'이라는 관점에서 도시 발전을 살펴보면 하워드의 전원도시 (1902년) → 압축 도시 → 스마트 성장 → 뉴어바니즘 → 생태 도시 → 저탄소 녹색도시 → 탄소중립 도시로 변천해 왔습니다.[3]

녹색도시 구현과 교통 부문의 에너지 전환

기후가 변하면서 이상기후 현상이 세계 곳곳에서 나타나고 있습니다. 해외에서는 전례 없는 폭염으로 가뭄이나 산불 등이 발생하기도 하고 반대로 홍수가 나기도 합니다. 우리나라에서도 해마다 여름 최고 기온을 경신하고 전례 없는 폭우가 쏟아져서 도로가 물에 잠기고 건물 지하나 지하철역이 침수되는 등 해마다 큰 피해를 보고 있습니다.

녹색 지구, 지속가능한 도시를 다음 세대에게 물려주기 위해서는 현재의 기후 변화와 기후 위기 문제에 대한 대응을 서둘러야합니다. 탄소 저감 특히 탄소중립이 매우 중요하고 이를 위해서는 에너지 전환이 가장 시급합니다. 여기서 에너지란 일반적으로 일을 할 수 있는 능력으로 연료, 열, 전기를 말합니다. 에너지 전환은 석탄, 석유 같은 화석연료로 만드는 에너지를 전기로 대체하는 이른바 '전기화'입니다.

> 석유, 가스, 석탄, 그 밖에 열을 발생하는 열원을 의미합니다.

에너지는 크게 1차 에너지와 최종 에너지로 구분할 수 있습니다. 1차 에너지란 변환이나 가공을 거치지 않고 자연에서 직접 얻을 수 있는 에너지입니다. 석유, 석탄, 천연가스, 수력, 원자력, 신재생(태양열, 풍력 등) 에너지가 있습니다. 최종 에너지란 1차 에너지를 산업, 에너지 사용기기, 수송 등에서 사용하기 편리하도록 변환·가공한 에너지를 말합니다. 연탄·코크스 등 석탄 가공제품,

휘발유나 경유 등 석유제품, 도시가스, 전력, 열에너지 등이 있습니다.[4] 우리나라는 1차 에너지 대부분을 화석연료에서 얻고 있습니다. 태양광과 풍력 발전 등의 재생에너지도 1차 에너지이지만 아직은 매우 부족합니다. 아직은 화석연료를 주로 사용하기 때문에 1차 에너지 소비량이 늘어나면 온실가스 배출 역시 증가합니다.

　에너지 전환 및 탄소 저감과 관련해 교통 부문이 특히 주목받는 데는 몇 가지 이유가 있습니다. 우선, 산업 부문에 이어 두 번째로 에너지 사용량이 많기 때문입니다. 2018년도 최종 에너지 기준으로 산업 부문은 14억 3,500만 TOE(토)를 사용하여 전체 23억 3,500만 TOE 중 61.5%를 사용했습니다. 교통 부문은 18.4%의 에너지를 사용했습니다. 지난 100년간 자동차

> TOE(Ton of Oil Equivalent, 석유환산톤)는 원유 1t이 연소할 때 발생하는 열량(107Kcal)입니다. 참고로 휘발유는 0.781 TOE, 경유는 0.903 TOE입니다. 1 TOE의 에너지는 승용차(휘발유 연비 14km/리터)로 서울-부산(410km)을 22번 왕복할 수 있는 휘발유(1,280리터)를 연소한 열량입니다.

의 주 연료는 석유였습니다. 2018년 기준 국내 석유 소비량 9억 3,480만 2,000bl(배럴) 중 32.6%가 수송 부문에서 사용되었습니다.[5] 2019년도 기준 전 세계 에너지 사용량 583.9 EJ(엑스줄) 중 석유는 33.1%(193.03 EJ)를 차지하여 6대 에너지 중 가장 높은 비율을 보였습니다.[6] 그리고 전체 석유 사용에서 자동차용으로 45%가 사용되었습니다.[7] 통계에서 볼 수 있듯이 석유 소비에서 내연기관 자동차가 많은 부분을 차지합니다.

　　　　　　　　　　궁금해! 상상을 현실로 만드는 모빌리티 수업

전 세계 에너지원 비율

- 석유 33.1%
- 천연가스 24.2%
- 석탄 27.0%
- 원자력 4.3%
- 수력전기 6.4%
- 재생에너지 5.0%

자료: BP(2020.6), 〈세계 에너지 통계 리뷰 *Statistical Review of World Energy*〉 69th Edition, p.9.

교통수단별 석유 에너지 사용 비율

- 자동차 45%
- 항공 7%
- 철도, 수로 2%
- 해운 4%
- 화학 13%
- 기타 13%
- 주거, 상업, 농업 11%
- 발전 5%

자료 : 장문수, 강동진(2020.6), 〈에너지 전환과 모빌리티 투자〉, p.61.

교통 분야가 탄소 저감과 관련해 주목받는 두 번째 이유는 온실가스 배출량이 많기 때문입니다. 우리나라 전체 온실가스 배출량 중 13.5%가 교통 분야입니다. 이산화탄소 환산량으로 9억 8,100만t(톤) 온실가스를 배출하여 에너지 산업, 제조업·건설업 다음으로 세 번째로 높습니다.[8] 교통(수송) 부문 중에서도 도로 부문의 온실가스 배출이 가장 많습니다. 2030년 온실가스 총배출량 중 수송 부문이 10억 5,200만t(12.4%)을 차지할 것으로 전망되고,

교통 부문에서 혼잡한 도로는 온실가스 배출량이 가장 많습니다.

현재와 같이 앞으로 도로 부문에서 배출되는 양이 9억 6,300만t(전체의 약 91.6%)으로 가장 높을 것으로 예측합니다.[9]

하지만 전기에너지를 사용하는 전기자동차로 바꾸면 석유 소비를 줄일 수 있습니다. 2030년까지를 1차 목표로 한다면 가능한 한 신속하게 접근할 수 있는 분야부터 시작해야 합니다. 긍정적인 변화는 전기자동차 판매가 점차 늘고 있다는 점입니다. 〈블룸버그 뉴 에너지 파이낸스〉의 발표에 따르면 배터리 가격이 인하되어 2020년대는 대부분 국가에서 전기자동차가 휘발유 또는 디젤 자동차보다 더 경제적인 옵션이 될 것이라고 합니다. 이 연구에서는

궁금해! 상상을 현실로 만드는 모빌리티 수업

"전기자동차의 판매가 2040년까지 4,100만 대에 달할 것으로 예측하고 이는 새로운 자동차 판매 대수의 35%를 차지"할 것으로 예측했습니다.[10] 기후 위기에 대응하기 위해서는 지구온난화의 원인이 되는 온실가스 배출을 줄여야 하고, 미래 모빌리티는 이러한 부분에서 큰 역할을 하게 될 것입니다.

국제사회의 기후 변화 대응과 친환경 자동차

국제사회는 기후 변화와 기후 위기에 대응하기 위해 기후 변화 체제를 공조해 왔습니다. 유엔기후변화협약(UNFCCC, 1992)과 이행을 위한 교토의정서(1997년 채택하고 2005년 발표), 그리고 2020년 완료되는 교토 의정서 체계를 대체해 2021년 1월부터 적용되는 신기후 체제인 파리협정(2015년 채택) 등 국가 간 협정으로 틀(frame)을 구성했습니다. 그리고 협정 이행을 위해 국가별로 대책을 마련하는 구조로 진행되고 있습니다.

파리협정을 이행하기 위해 우리나라는 2050년까지 탄소중립을 선언하고 추진 전략을 발표했습니다. 그리고 '2030 국가 온실가스 감축 목표'와 '2050 장기 저탄소 발전 전략'을 국제사회에 제출했습니다.

> 대기 중에 배출된 온실가스를 흡수, 제거하여 실질적인 배출량이 0이 되는 상태를 말합니다.

소 발전 전략'을 국제사회에 제출했습니다. 2030 국가 온실가스 감축 목표는 2030년까지 국가 온실가스 총배출량을 2017년도 7억 970만t 대비 24.4% 감축하는 것입니다. 2050 장기 저탄소 발전 전략으로 국가 전반적으로 녹색 전환을 위한 정책·사회·기술 혁신 방향을 제시했습니다. 부문별 전략 중 수송 부문은 친환경 자동차 대중화와 교통 수요 관리 등을 통해 온실가스를 감축하는 것이 목표입니다.[11]

온실가스 배출량을 계산할 때는 국가마다 전기를 생산하는 에너지원이 다르다는 점을 고려해야 합니다. 유럽처럼 전기의 상당 부분을 재생에너지로 만드는 나라가 있는 반면에 석탄 같은 화석연료를 태워 전기를 생산하는 나라들도 있습니다. 화석연료를 사용해 전기를 생산하는 국가에서는 이산화탄소 배출량도 많을 수밖에 없습니다. 소비되는 에너지 외에도 생산되는 과정 등도 포함하는 전 과정 평가(LCA, Life Cycle Assessment) 방법으로 평가하면 단순 비교와 다른 결과가 나올 수 있습니다.

유럽 교통 전문 NGO인 '교통과 환경(T&E)'의 발표를 보면 중국에서 만든 배터리를 장착한 전기자동차가 폴란드처럼 석탄 발전 비중이 높은 나라에서 운행 중일 때는 디젤 자동차보다 22%, 휘발유 자동차보다 28% 적게 이산화탄소를 배출합니다. 반면에 재생에너지 비중이 높은 스웨덴에서 만든 배터리를 장착한 전기차가 스웨덴에서 운행 중이라면 디젤 자동차보다 80%, 휘발유 자동차보다 81%나 이산화탄소가 적게 발생한다는 계산이 나옵니다.[12] 우리나라는 한국자동차공학회에서 발표한 내용에 따르면, 자동차의 생산·운행·폐기 등 전 과정을 고려해 계산하면 전기차는 내연기관 자동차의 약 70% 수준으로 이산화탄소를 배출합니다. 여기서 전기자동차가 이산화탄소 배출이 0이 아닌 이유는 전기차의 배터리 재료인 코발트와 리튬 등을 채굴하는 과정과 배터리 만드는 공정에서도 이산화탄소 배출량이 많기 때문입니다.

국내 현대자동차에서 전 과정 분석 방식, 즉 자동차를 만드는 원료 채취부터 차량 제작과 사용하는 에너지원 생산 등 전 과정을 분석하는 방식으로 온실가스 배출량을 평가한 사례가 있습니다. 평가 결과 휘발유 자동차 투싼 대비 전기자동차 아이오닉6는 54.5%, 레이 전기차는 25% 온실가스를 배출한다고 합니다.[13, 14] 이 분석은 현재 우리나라의 에너지원별 전기 생산 비율을 그대로 적용한 것이라서 만약 전기를 생산할 때 재생에너지 비중이 올라간다면 전기자동차의 '전 과정 온실가스 배출량'은 더 낮아질 것입니다. 우리나라에서 전기 생산 방식은 석탄과 천연가스를 이용한 화력발전이 68%인데 반해 신재생 에너지는 아직 4%에 불과하다는 점을 생각하면, 2050 장기 저탄소 발전 전략을 이행하기 위해서라도 재생에너지 비율을 지속적으로 높일 필요가 있습니다.

자동차 사용의 숨겨진 비용

내연기관 자동차가 많아질수록 이산화탄소 등 오염물질을 많이 배출하는 문제 외에도 도시의 많은 면적이 자동차 이동을 위한 도로와 자동차 주차 공간으로 사용되는 문제가 생깁니다. 자동차는 내연기관에서 화석연료를 태운 에너지로 이동하므로 도로 위에 돌아다니는 자동차가 많을수록 이산화탄소 배출량이 많아집니다. 그리고 도로에서 혼잡이 발생해 자동차가 가다 서기를 반복할수록 이산화탄소 배출량이 늘어납니다. 우버(Uber)의 창업자 트래비스 캘러닉은 "우리가 만드는 탄소발자국의 5분의 1은 공회전하는 차에서 생긴다"[15]라고 말하기도 했습니다.

> 개인 활동이나 기업과 국가 등에서 상품을 생산하고 소비하는 전 과정 중에 발생시키는 온실가스로 특히 이산화탄소의 총량을 말합니다.

물론 도시의 교통 수요를 자가용 대신 대중교통으로 모두 처리할 수는 없습니다. 대중교통은 정해진 노선으로 정해진 요금을 받고 정해진 시간에만 운행합니다. 대중교통이 다니지 않는 지역도 있고 운행하지 않는 시간도 있으니 개인 자동차를 이용해야 할 때도 있습니다. 구매하는 데 비용이 들기는 해도 일단 자기 차가 있으면 지하철이나 시내버스에 비해서 시간이 절약되고 문 앞에서 문 앞까지(door-to-door) 갈 수 있어 편리합니다.

하지만 개인에게 편리한 교통수단을 많이 이용하면 개인은 편리할지 모르지만 크게 보면 비효율적인 도시가 됩니다. 개인 승용차는 도로 공간을 많이 사용하는 교통수단입니다. 같은 수의 사람을 실어 나르는 데 대중교통보다 넓은 도로가 필요합니다. 200명을 수송하는 데 자가용은 175대가 필요하다면 버스는 두 대, 노면전차(트램)는 한 대면 족합니다.

대전시에서 시행한 시내버스와 자전거, 승용차의 도로 점유 비교

대전에서 교통수단별로 도로 공간을 얼마나 사용(점유)하는지를 비교했습니다. 위의 사진처럼 승용차 48대의 승객(나 홀로 운전자)은 시내버스 한 대로 이동할 수 있고, 승용차 48대가 차지하는 면적에는 버스 21대, 자전거는 255대가 있을 수 있습니다.[16]

2019년 기준으로 서울특별시 도로 길이는 8,310km입니다. 면적을 계산하면 86.02km^{2}에 이릅니다. 서울시 행정구역 605.24km^{2}의 14.4%를 도로가 점유하고 있는 셈입니다. 대전은 도로 점유율이 서울보다도 높아 34%를 차지합니다.

자동차는 주차 공간도 따로 필요합니다. 차가 생산되어 폐차되는 전 생애주기를 살펴보면 95% 이상의 시간이 주차장에 세워져 있는 시간이라고 합니다.

주차구획 크기

일반형 2.5m(2.3m)

확장형 2.6m(2.5m)

문열림 0.6m

5.0m(5.0m)

5.2m(5.1m)

( ) 안은 기존 크기

폭 1.865m 중형차

자동차가 늘어날수록 주차 자리도 더 많이 필요해서 도시에는 주차 공간이 더 필요해집니다.

주차장에 차량을 세워두는 공간, 즉 주차 구획을 계산하면 서울은 2019년 기준 398만 3,291면입니다. 이는 주차만을 위해 축구장 2만 2,315개 넓이의 공간이 건물 지하나 지상, 아파트, 공원, 도로 등에 마련되어 있다는 의미입니다.[17] 교통 혼잡 비용, 교통사고 비용, 환경 비용은 대표적인 도시 교통의 사회적 비용입니다.

녹색도시와 건강을 위한 이동 수단

교통 부문에서 탄소 배출을 줄이는 데 개인은 어떤 실천을 할 수 있을까요? 첫 번째는 걷기입니다. 화석연료를 사용하지 않으므로 온실가스 배출이 없습니다. 그리고 걷기는 건강에도 도움이 됩니다. 서울대학교 건축학과 박소현 교수는 "지금 세계 도시 설계의 화두는 건강이고 걷기 좋은 길, 건강한 도시가 어젠다가 되고 있다"라고 소개합니다.[18] 히포크라테스는 "걷기는 가장 좋은 약이다"라는 유명한 격언을 남기기도 했습니다.[19] 보건학에서는 "사람의 몸은 걷기에 적합하게 설계되었으므로, 신체의 많은 시스템이 그 기능을 적절히 담당하려면 지속적으로 하루에 최소 20분 정도는 걸어야 한다"라고 합니다. '걷기 = 행복'이라는 등식을 만들어 낸 사례도 있습니다. 2016년 유엔에서 발표한 〈세계행복보고서〉에서 가장 행복한 나라로 덴마크가 선정되었고,[20] 비영리 단체 Walk 21에 따르면 '세계에서 걷기 좋은 도시' 1위는 덴마크 수도 코펜하겐이라고 합니다.[21]

두 번째는 자전거 타기입니다. 자전거는 걷기처럼 화석연료를 사용하지 않으므로 온실가스 배출이 없는 교통수단입니다. 특히 현대 도시 생활에서 부족하기 쉬운 신체 운동량도 자전거 타기로 대신할 수 있습니다. 또 등교나 출근길의 자전거 타기는 짧은 여행처럼 계절의 정취를 느낄 수도 있습니다. 도시의 골목길을 탐방하고 사는 곳 가까이에 있는 나무와 꽃 같은 자연을 감상하면서 달릴 수 있습니다. 자전거를 타면 환경보호, 건강, 여행의 1석 3조 효과가 있습니다.

세 번째는 대중교통 이용하기입니다. 대중교통을 이용하면 도로의 승용차가 줄어들어 에너지 사용과 온실가스 배출, 도로 혼잡도 줄일 수 있습니다. 미국의 대중교통협회에 따르면 "한 사람이 승용차 대신 대중교통을 이용하면 하루 탄소 배출량을 약 9kg 정도 감축할 수 있다"라고 합니다. 그리고 이동하는 동안 독서나 스마트폰 사용 등 다른 일을 할 수 있는 장점이 있습니다. 또한 대중교통이 있는 역이나 버스 정류장까지 걸어서 이동하면 신체 활동을 조금이나마 더 할 수 있습니다. 대중교통, 자전거, 보행 이 세 가지를 줄여서 '대자보'라고도 말하는데, '대자보'를 자주 하면 좋겠습니다.

마지막으로 친환경 교통수단을 이용하는 것입니다. 친환경 교통수단이란 화석연료 대신에 전기를 에너지로 사용하는 전동화된 교통수단을 말합니다. 예컨대 전기철도, 전기자동차, 수소연료

자동차, 전기자전거, 개인형 이동장치 등이 해당됩니다. 친환경 교통수단을 이용하는 것은 개인의 실천만이 아니라, 국가나 기업 차원에서 자동차 제작 기술과 에너지 전환 기술 등에 대한 투자 같은 정책적 지원이 함께 있어야 가능합니다.

교통수단은 시대 변화를 이끌어갈 혁신의 선두 주자로 친환경 첨단 기술의 발전과 지속가능한 도시에 주요한 역할을 할 것으로 기대됩니다. 증기기관 철도의 발명과 내연기관 자동차의 발명, 비행기 발명 등으로 인류는 이동의 자유를 얻었습니다. 자유로운 이동은 도시 확장에 큰 역할을 했습니다. 현재는 전동화(전기차·수소차), 사물인터넷(IoT), 빅데이터와 인공지능 등 첨단 기술이 교통수단 안에 총 망라되어 자율주행자동차와 공유 자동차, 드론 등 새로운 형태의 미래 모빌리티를 만들어가고 있습니다.

기후 위기에 대응하기 위해서뿐 아니라 도로의 혼잡과 주차 공간의 부족 등 쾌적하지 않은 도시로 변해가는 데 일조하는 자동차 문제를 해결하기 위해서도, 기존의 교통수단으로는 이동이 어려운 사람들에게 안전하고 편안한 이동권을 보장하기 위해서도, 교통수단과 교통체계에 변화가 필요합니다.

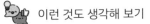 이런 것도 생각해 보기

배출가스와 연비 수치를
속였다고요?

 2015년 세계 최대 자동차 회사인 독일 아우디폭스
바겐의 배출가스 조작 사건이 있었다고 들었어요.
디젤게이트? 그게 뭔가요?

디젤게이트는 2009년부터 2015년까지 전 세계에
판매한 디젤 엔진 자동차의 배기가스 저감장치를
조작한 것이 드러난 사건이란다.

이 사건은 클린 디젤이라는 광고를 펼치던 아우디폭스바겐 자동차 제작사
에서 생산한 자동차가 기준치 대비 40배가 넘는 질소산화물을 배출하는
것도 놀라웠지만, 회사 이익을 위해서 의도적으로 소프트웨어로 배출가스
수치와 연비를 조작했다는 점에서 큰 충격을 주었어. 이런 차량이 유럽 지
역에 850만 대, 우리나라에는 12만 6,000대가 판매되었다고 해.[22]

독일 주간지 〈슈피겔〉에서는 이를 '자살행위(der selbstmord)'에 비유하며 노란색 비틀(Beetle)의 장례식 사진을 표지로 사용했어.[23] 이후 아우디폭스 바겐은 떨어진 신뢰를 극복하기 위해 '폭스바겐 전략 2025(Volkswagen Starategy 2025)'를 수립하고, 2016년 6월 "그룹의 핵심 비즈니스를 전기자동차 및 자율주행자동차로 전환한다"라는 발표를 해.[24] 이 사건을 계기로 새로운 회사로 변화하기 시작한 거야.

결과적으로는 내연기관 자동차 연비를 속인 회사가 전기자동차와 자율주행자동차를 생산하는 회사로 변신하는 계기가 된 다소 역설적인 사건이지. 그래서일까? 이 사건은 내연기관 자동차 제작 중심의 패러다임이 전동화, 전기자동차로 변하는 계기가 된 역사적 사건으로 기억되고 있어.

독일 주간지 〈슈피겔〉(2015.9) 표지

똑똑하고 다양해지는
모빌리티

이동 수단에서 공유와 연계 서비스까지

그게 뭐야?

이미 아는 것도 많을 걸?

전동 킥보드도,

전기 자전거도

친환경 모빌리티지.

전기 자동차도 물론이고

수소 자동차나

차량공유 서비스도

빼놓을 수 없지!

가까운
미래에는

하늘을 나는
에어택시도
볼 수 있을 걸 ??

아니야!!
아직 부족해...
친환경이라면
역시...

? ? ?
역시...
? ?

빛의 속도로
달리는 !!

플래시맨 ??

아무리 생각해 봐도 그건
모빌리티라기엔...

빠르긴
하겠지만,

친환경도
맞겠지만...

모빌리티와 교통은 다른 걸까? 정확한 개념은 뭘까?

친환경 미래 모빌리티와 기존의 교통수단과 다른 점은 뭘까?

미래의 모빌리티는 우리 일상에 어떤 변화를 가져올까?

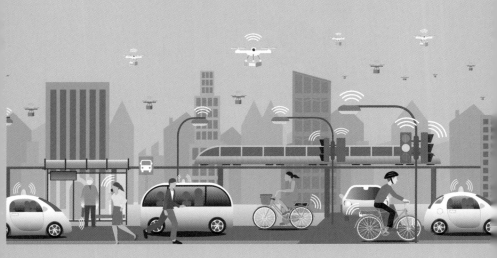

교통 vs. 모빌리티, 모빌리티가 교통과 다른 점

교통과 모빌리티 이 두 단어는 같은 뜻일까요? 다른 개념일까요? 지속가능한 도시를 이야기하면서, 녹색 모빌리티를 말하고, 탄소중립을 위해서는 교통 부문의 변화가 중요하다고 이야기하면서 모빌리티를 또 언급했습니다. 이들은 어떤 관계일까요?

먼저 교통과 모빌리티의 개념이 어떤 점이 같고 다른지 한번 생각해 보겠습니다. 자, 누군가 "모빌리티가 뭐지요?"라고 묻는다면 뭐라고 대답할지 바로 머릿속에 떠오르나요? "그게…, 음… 음…." 입가에서 맴돌기는 하는데 단순히 자동차나 이동 수단이라고 설명하기에는 뭔가 부족한 느낌일 겁니다. 괜찮습니다. 아직 통일된 정의가 없습니다. 전통적으로 사용하는 교통(交通)의 영어 단어 transport는 라틴어 동사 'transportare'에서 유래했습니다. 'trans-'(가로질러)와 'portare'(운반하다, 나르다) 두 부분으로 구성됩니다. 중세 프랑스어(transporter)를 거쳐 중세 영어(transporten)로 전해져 현재의 transport가 되었습니다. 사람이나 화물을 한 장소에서 다른 장소로 옮기는 행위나 운송수단을 의미할 때 사용합니다.

모빌리티(mobility)는 영어 사전에 '이동성', '유동성'으로 나옵니다. 최근에는 교통보다 더 자주 사용하고 범위도 넓어졌습니다. 자동차나 철도 등 전통적인 교통수단뿐 아니라 자율주행자동차, 전동 킥보드, 하늘을 나는 드론 등도 포함합니다. 그리고 공유 자동차(car sharing)나 승차 공유(ride sharing) 서비스, 주차 서비스, 중고차 거래, 차량 관리, 폐차 서비스 등도 포함합니다.

모빌리티는 이제 이동 수단으로서의 교통을 넘어섰습니다. 우리나라 현대차를 비롯해 국내외 자동차 제작사들이 모빌리티 기업으로의 전환을 선언했습니다. 기존과는 다른 차별화된 서비스와 새로운 미래 비전이 추가되며 발전하고 있습니다. 산업계나 학계 모두 기존의 교통체계에 정보통신기술(ICT, Information and Communication Technology)을 접목해 성능과 안전을 높인 '새롭고 똑똑한(스마트) 교통'이라는 뜻으로 '모빌리티'라는 용어를 사용하고 있습니다.

하지만 이러한 모빌리티는 관점에 따라 다양한 정의가 있을 수 있습니다. 예컨대 공급자 관점에서는 이동과 관련해 지원하는 교통수단과 그와 연관된 모든 서비스를 의미합니다. 이용자 관점에서는 이동을 위해 선택할 수 있는 모든 교통수단과 그 외 환승 정보나 예약, 요금 지불 등의 서비스를 포함합니다.

관점에 따른 모빌리티 정의

종합	이동 수단과 정보, 요금 지불 등 서비스를 통한 사람과 물자의 이동 및 이를 위한 지원 체계 종합
이동 수단	자동차, 철도 등 전통적인 교통수단과 개인형 이동장치(전동 킥보드·전기 자전거), 드론 등 모든 이동 수단
서비스	이용자가 이동 수단을 탑승 또는 운행하거나 탑승 예약, 요금 지불 등을 할 수 있도록 공급자가 제공하는 방법과 성능
공급자	이동 수단이나 서비스를 공급하는 주체(정부나 기업 등)
이용자	모빌리티 서비스를 이용하고 평가하며 보호하는 주체

우리나라 모빌리티 사업 분류[1]

카풀	풀러스 / 위츠모빌리티 / 모두의셔틀
차량호출	카카오모빌리티 / 브이씨엔씨 / 벅시 / 케이엠솔루션 / KST 모빌리티 / 코나투스 / 우버코리아 / 이지식스 / 픽업스캐너 / 차차크리에이션
마이크로 모빌리티	지빌리티 / 나인투원 / 라이클 / 매스아시아 / 울룰로 / 피유엠피
신차 및 폐차 서비스	겟차 / 차카고 / 카우보이 / 조인스오토 / 카룸
버스 공유	위즈돔 / 콜버스랩 / 씨엘 / 리버스랩
차량 공유	쏘카 / 그린카 / 뿅카
렌터카	SK네트웍스 / 제이카 / 렌고 / 카플랫 / 피플카 / 팀오투 / 렌카 / 한국카쉐어링
주차	모두컴퍼니 / 파킹스퀘어 / 파킹클라우드 / 마이발렛 / 마지막삼십분
차량 관리	evon / 마카롱팩토리 / 카닥 / 카수리 / 카랑 / 팀와이퍼
중고차 거래	피알앤디컴퍼니 / 바이카 / 미스터픽 / 라이노브파트너스 / 카바조 / 더트라이브
지도	SK텔레콤 / 폴라리언트 / 모빌테크 / 파토스 / 다비오
커넥티드카 커머스	오윈
자율주행	현대자동차 / 현대모비스 / SK텔레콤 / KT / LG유플러스 / 스프링클라우드 / 토르드라이브 / 마스오토 / 서울로보틱스 / 팬텀AI / 트위니 / 언맨드솔루션 / SOS랩 / 페스카로 / 스트라드비젼 / 코드42

이 책에서는 이들 관점을 정리하여 다음과 같이 정의합니다.

첫째, 모빌리티는 이동 수단과 정보·요금 지불 등 서비스를 통한 사람과 물자의 이동 및 이를 위한 지원 체계를 종합한 것입니다.

둘째, 모빌리티 이동 수단은 자동차, 철도 등 전통적인 교통수단과 개인형 이동장치(전동 킥보드, 전기자전거 등), 드론 등 모든 이동 수단입니다.

셋째, 모빌리티 서비스는 이용자가 이동 수단을 운행하거나 탑승 예약, 요금 지불 등을 할 수 있도록 공급자로부터 제공된 방법과 성능을 말합니다.

넷째, 모빌리티 공급자는 이동 수단이나 서비스를 공급하는 주체(정부나 기업 등)를 말합니다.

다섯째, 모빌리티 이용자는 모빌리티 서비스를 이용하고 평가하며 보호하는 주체입니다.

개인형 이동장치, 퍼스널 모빌리티

걷기에는 멀고 자동차를 타기에는 가까운 애매한 거리를 이동할 때가 있습니다. 이럴 때 이용하는 개인형 이동장치가

우리나라 도로교통법에서는 퍼스널모빌리티(PM)를 '개인형 이동장치'로 부릅니다. 시속 25km 미만, 중량이 30kg 미만으로 전동킥보드, 전동 이륜 평행차, 전동기의 동력만으로 움직일 수 있는 자전거로 정의합니다. 원동기 장치 자전거는 면허증(16세 이상)이 있어야 탈 수 있습니다.

늘고 있습니다. 이를 퍼스널 모빌리티(PM, Personal Mobility) 혹은 마이크로 모빌리티(Micro Mobility)라고도 합니다. 이 외에도 여러 이름이 있습니다. 하지만 기능적인 면에서 보면 모두 한 시간에 25km 이하 속력으로 이동하고 전기로 주행하는 친환경 개인 이동 수단을 말합니다.

이런 개인형 이동장치는 초기에는 주로 레저용이었습니다. 코로나19가 전 세계적으로 유행하면서 비대면 교통수단으로 주목받으며 점차 대중교통과 개인 이동 수단을 갈아타는 하나의 패키지(꾸러미)로 자리 잡고 있습니다.

요즘 거리에서 자주 볼 수 있는 전동 킥보드는 실제로는 역사가 오래되었습니다. 최초 등장은 1915년으로 오토패드(Autoped)라는 회사가 제작했습니다. 지금과 다른 점은 전기모터가 아닌 앞바퀴 쪽에 155cc 휘발유 엔진을 단 형태였습니다. 당시 자동차보다 훨씬 작은 이동 수단을 개발하는 것이 목표였다고 합니다. 오토패드는 뉴욕 우체국에 도입되어 우편배달에 이용되었고, 캘리포니아 해변에서는 관광객들에게 대여되기도 했습니다. 하지만 자전거보다 훨씬 비싸고, 앉는 자리가 없는 불편함, 그리고 일부 이용자들의 위험 운전 등의 문제가 생기면서 1921년 미국에서 생산이 중단되었습니다. 독일에서는 1919~1922년 크루프(Krupp) 회사에서 생산했습니다.[2]

최근 전동 킥보드나 전기자전거 이용이 늘고 있습니다. 장소에

미국 뉴욕 우체국(왼쪽)과 영국 런던 거리에서 볼 수 있었던 오토패드(오른쪽)

잠실나루역 전동 킥보드 전용 거치대

궁금해! 상상을 현실로 만드는 모빌리티 수업

아무런 구애 없이 주차할 수 있는 점, 충전 시간이 짧은 점, 그리고 정보통신기술의 발전으로 대여와 요금 지불 서비스 등 이용이 편리하기 때문입니다. 우리나라에서도 편리성으로 많은 사랑을 받고 있는 전동 킥보드 관련 뉴스를 종종 접합니다. 주로 안전과 도시 미관에 관한 내용입니다.

안전 문제는 초기의 전동 킥보드와 비슷합니다. 1915년 당시에도 오토패드 난폭운전과 교통안전이 사회 문제가 되었습니다. 무엇보다 이용자 안전을 위한 사회적 장치가 필요합니다. 그리고 거치대가 없어 편리한 반면에 이용 후 아무 곳에나 세워 놓아 통행을 방해하고 도시 미관을 해치는 일도 자주 있습니다. 사용자들의 이용 패턴을 분석해서 반납이 많은 지점에 주차지를 만들어 지정 장소를 이용할 수 있게 유도하는 방법이 필요합니다.

이용자가 늘고 있는 개인형 이동장치는 걷거나 자동차를 타기에 애매한 거리, 대중교통 이용 시 최종 목적지까지의 거리를 편리하게 연결해 줍니다. 하지만 자동차 이용과 걷기를 보완하는 교통수단으로 자리 잡으려면 안전 관련 문제를 해결할 지침들이 필요하고, 사용자 또한 공공질서를 지키는 노력이 필요합니다.

녹색 모빌리티의 리더, 전기자동차

최근 친환경 자동차로 전기자동차(EV, Electric Vehicle)가 주목받고 있습니다. 전기자동차는 전기 공급원으로부터 공급받은 전기에너지를 동력원으로 사용하는 자동차입니다.

자동차가 전기를 공급받는 방법은 전차선에서 직접 받거나, 차량 내 설치된 2차전지에 저장된 전기나 연료전지에서 만들어진 전기를 사용합니다. 우리가 보통 전기자동차라고 하면 반복적인 충전을 할 수 있는 충전식 배터리인 2차전지를 장착한 차량을 말합니다. 저속

> 2차전지(secondary cell)는 축전지(storage battery) 혹은 충전지(rechargeble battery), 배터리라고 합니다. 외부 전기에너지를 화학에너지로 바꾸어 저장해 두었다가 필요한 때 전기로 재생하는 전지로 반복 사용이 가능합니다.

> 연료전지는 지속적으로 연료(수소)와 산소의 공급을 받아서 화학반응을 통해 지속적으로 전기를 공급합니다. 에너지를 저장하는 2차전지와 달리 연료를 주입하여 전기를 만드는 발전기의 일종입니다.

으로 충전할 때는 보통 4~5시간, 낮에 고속도로 휴게소나 전기자동차 충전소에서 급속 충전할 때는 약 1시간 내외가 걸립니다.

전기차는 1881년 프랑스의 발명가 구스타브 트루베가 현대적 의미의 충전식 전기차(3륜 자전거)를 최초로 선보이면서 시작되었습니다. 전기자동차는 한때(1899~1900년) 휘발유나 증기로 가는 자동차보다 많이 팔렸지만 1930년대 들어서 대부분 사라졌습니다. 전기자동차는 내연기관 자동차보다 가격이 비싸고, 중량이 많이 나가는 배터리를 장착해야 하고, 충전하기도 불편했기 때문입니다.

반면에 포드 자동차의 모델T가 1908~1927년 대량 생산되면서 내연기관 자동차의 가격이 낮아지고, 미국 텍사스에서 원유가 대

량으로 발견되어 휘발유 가격도 낮아지면서 내연기관 자동차의 경쟁력은 올라갔습니다.

이런 이유로 외면받던 전기자동차는 1997년에 일본 교토에서 열린 기후변화협약 제3차 당사국총회에서 교토의정서가 채택되고 환경규제가 강화되면서 다시 주목받게 되었습니다. 교토의정서는 온실가스 배출을 줄이기 위한 구체적인 계획과 의무들을 명기한 유엔기후변화협약 의정서로 1997년 일본 교토에서 열린 제3차 당사국총회에서 채택되어 2005년 발효되었습니다. 산업화된 국가들의 의무 감축 목표를 설정하고, 이행 부담을 덜어주기 위해 시장 기반의 배출권 거래와 공동 이행, 청정 개발 체제 등을 허용하고 있습니다. 감축 대상 온실가스는 이산화탄소, 메탄, 아산화질소, 불화탄소, 수소화불화탄소, 불화유황 등 여섯 가지입니다. 이 의정서는 파리협정(2015년 채택)이 발효되는 2020년까지 효력이 지속되었습니다.[3] 2012년부터 규제를 시작해 유럽연합에서는 2015년까지 차량의 이산화탄소 배출량을 130g/km로 낮추었습니다. 2009년 폭스바겐 자동차의 이산화탄소 배출량이 153g/km이었던 것을 고려하면 배출규제가 엄격[4]해졌음을 알 수 있습니다.

배터리 기술의 발전도 전기자동차가 되살아나는 데 주요한 역할을 했습니다. 전기자동차가 내연기관 자동차와 경쟁할 만큼 상품성이 좋아진 것은 2012년 출시된 테슬라의 500km 주행 가능한 전기차 '모델S'부터입니다. 2015년 이후 미국 대형 세단에서, 2017년 이후 유럽 대형차 시장에서 판매량 1위를 차지했습니다[5, 6, 7] 테슬라 모델S는 기존 자동차 회사들의 전기자동차 개발도 이끌며 그야말로 자동차 역사에 한 획을 그었다고 할 수 있습니다.

우리나라는 현재 전기자동차에 사용되는 2차전지(배터리)를 세계에서 가장 잘 만드는 나라입니다. 앞으로 전기자동차 보급이 전 세계적으로 더욱 확대되면 반도체 산업처럼 국가 경제 발전의 기회가 될 것으로 기대되는 산업 분야입니다.

미래 모빌리티 산업에서 전기자동차가 기후 위기와 관련해 친환경적인 이동 수단으로 주목받고는 있지만, 좀 더 대중화되기 위해서는 해결해야 할 문제가 몇 가지 있습니다.

태양열 같은 친환경 에너지를 사용하는 전기자동차 충전소도 필요합니다.

첫 번째는 충전 인프라가 여전히 부족하다는 점입니다.[8] 이 문제는 충전소 및 충전기 설치에 비용과 시간을 지속적으로 투입하면 점차 개선할 수 있습니다.

두 번째는 '전기자동차는 정말로 친환경적인가?'라는 근본적인 문제 제기입니다. 전기자동차에 필요한 전기를 화력 발전소에서 만들 때 이산화탄소가 많이 배출되기 때문입니다, 하지만 전기자동차 자체로는 오염물질이나 이산화탄소 배출이 적습니다. 유럽의 교통 전문 NGO '교통과 환경'이 2022년 발표한 유럽을 기준으로 조사한 전기자동차의 친환경성 자료를 참고하면 "유럽연합 내 전기차는 어떤 전력을 사용해도 내연 기관차보다 약 3배 적은 이산화탄소가 발생"하고, "전기차의 평균 이산화탄소 배출량은 90g이지만 디젤차는 2.6배, 가솔린(휘발유)차는 2.8배를 배출"[9]합니다. 이산화탄소 배출을 더 줄일 수 있도록 개선해야 합니다.

세 번째 배터리 재료와 폐배터리 처리 문제입니다. 배터리를 만드는 재료인 코발트, 리튬 등을 생산하는 과정이 친환경적이지 않다는 문제가 제기되고 있습니다. 또 수명을 다한 폐배터리 처리도 중요합니다. 문제 해결을 위해 폐배터리에서 니켈, 망간, 코발트 등 광물을 추출하여 재활용하는 기술과 에너지저장장치(ESS, Energy Storage System)로 재사용하는 기술이 주목받고 있습니다.[10]

전기자동차는 차량 하단에 있는 배터리 팩에 저장된 전기에너지를 사용해 전기 모터로 움직입니다. 휘발유와 디젤 엔진의 내연기관이 필요 없어 들어가는 부품이 적습니다. 주행 중 사용할 전기를 저장하는 배터리 팩, 전기모터의 속도를 제어하고 전기에너지의 흐름을 관리하는 전력 전자 컨트롤러, 변속기, 전기모터, 전력 전자 장치, 기타 구성 요소의 작동 온도를 적절한 범위로 유지하는 열 냉각 시스템, 배터리 팩 충전 시 전압·전류·온도와 충전 상태 등을 모니터링하는 온보드 충전기 등으로 구성됩니다. 그리고 외부 전원에 연결해 배터리 팩을 충전하는 충전 포트가 있습니다.

전기자동차의 구조

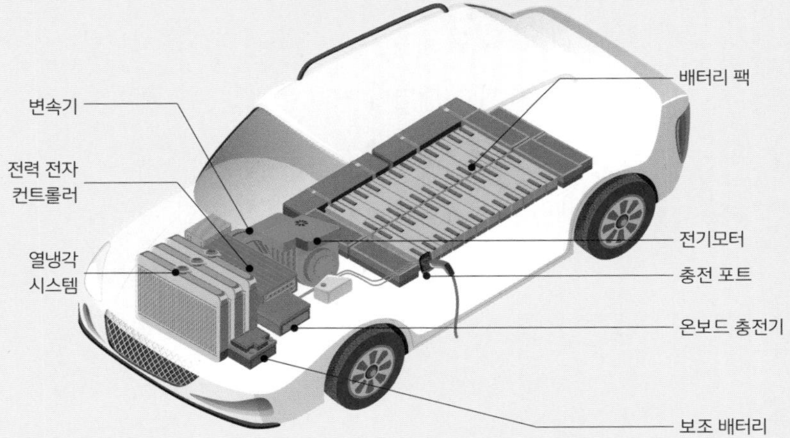

변속기

전력 전자 컨트롤러

열냉각 시스템

배터리 팩

전기모터

충전 포트

온보드 충전기

보조 배터리

전기자동차에는 대부분 리튬이온 배터리를 사용합니다. 전력을 생산할 수 있는 최소 단위를 셀이라고 합니다. 이 셀 내부는 양극, 음극, 전해질, 분리막으로 구성되어 있습니다. 리튬이 양극재로 사용되는데, 배터리의 용량과 평균 전압이 양극에서 결정됩니다. 흑연이 음극재로 사용되는데, 음극은 양극에서 나온 리튬이온을 저장했다가 방출해 전류를 흐르게 합니다. 분리막은 양극재와 음극재의 물리적 접촉이 없도록 격리하는 역할을 합니다. 그리고 액체 유기화합물인 전해액은 리튬이온의 이동을 돕는 매개 역할을 합니다.[11] 차세대 배터리로는 전해질이 고체로 된 전고체 배터리가 꼽히고 있습니다.

리튬이온 배터리 4대 구성 요소

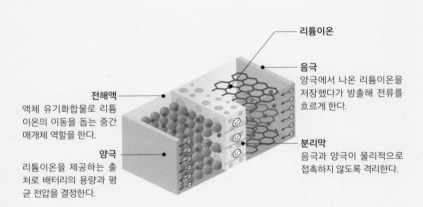

리튬이온

음극
양극에서 나온 리튬이온을 저장했다가 방출해 전류를 흐르게 한다.

전해액
액체 유기화합물로 리튬이온의 이동을 돕는 중간 매개체 역할을 한다.

양극
리튬이온을 제공하는 출처로 배터리의 용량과 평균 전압을 결정한다.

분리막
음극과 양극이 물리적으로 접촉하지 않도록 격리한다.

수소와 공기로 움직이는 수소자동차

전기자동차 못지않게 주목받는 자동차가 있습니다. 바로 수소 자동차(HV·HF, Hydrogen Vehicle, Hydrogen Fueled Car)입니다. 수 소자동차는 수소 탱크에 저장한 수소와 흡입된 산소가 연료전지 에서 화학반응 후 발생하는 전기로 움직이기 때문에 수소연료전 지 자동차라고도 부릅니다. 엄밀히 말하면 전기자동차 중 하나입 니다.[12] 수소차가 주목받는 이유는 전기자동차보다 효율적이기 때 문입니다. 수소 충전 시간이 약 5분 정도로 짧고, 1회 충전으로 주 행할 수 있는 거리가 내연기관 자동차와 비슷합니다.

최초의 수소자동차는 1807년 스위스의 발명가 아이작 드 리바 즈가 자신의 이름을 따서 만든 드 리바즈 엔진(수소내연기관) 자동 차로 알려져 있습니다. 풍선 속에 모아 둔 수소에 불꽃(스파크)을 가해서 산소와 반응시키는 방법으로 연소시켰습니다. 그러나 수 소는 저장과 수송이 불편해 80년이나 늦게 개발된 내연기관에 밀 려났습니다. 그리고 약 100년 이상 사람들의 기억에서 잊혔습니 다. 1839년 영국 물리학자 윌리엄 그로브가 효율 좋은 수소연료전 지를 발명했지만, 역시 내연기관에 밀려 자동차 산업에 도입되지 못하고 다시 잊혔습니다.

잊혔던 수소연료전지 기술은 1950년대 미국과 소련이 우주선에 탑재할 동력원으로 다시 주목받게 됩니다. 실제로 1965년 미국 우 주선 제미니 5호에 탑재되었습니다. 1966년에는 브리티시모터스 회사가 승용차 천장에 압축 수소 탱크를 달고 수소연료전지 자동차를 시험 운전하기도 했습니다. 하지만 자동차를 만드는 비용과 연료인 수소 가격이 너무 높아서 상용화되지는 못했습니다. 이후 몇 차례 몇몇 자동차 회사에서 개발해 오다가 2013년에 우리나라 현대자동차가 '투싼ix Fuel Cell'을 출시하면서 세계 최초로 양산에 성공했습니다. 이 차는 주행거리 588km, 최고 속력은 시속 160km 성능을 갖추었습니다.[13]

수소자동차도 전기자동차처럼 몇 가지 이슈가 있습니다. 첫 번째는 수소 생산에서 발생하는 비환경성 문제입니다. 국제에너지기구(IEA)에서는 "현재 전 세계에서 생산되는 수소 중 0.1%만이 물을 분해해 만든 깨끗한 수소(그린 수소)다"라고 발표했습니다.[14] 아직은 수소 대부분을 석탄이나 석유, 천연가스 등 화석연료에서 얻는다는 뜻입니다.

두 번째는 연료가 되는 수소 기체 저장과 관련된 문제입니다. 수소는 가장 가벼운 기체로 에너지 밀도가 단위 부피(m^3)당 3kWh(킬로와트시)로 낮습니다. 수소를 충전해서 동력으로 사용하기 위해서는 부피를 줄여 많은 양의 수소를 저장해야 합니다. 현재는 수소를 압축하거나 액화하는 방법, 톨루엔 등 액체에 수소를 녹여 저장하는 방법, 암모니아나 메탄올 연료로 전환하는 방법 등으로 부피를 줄이고 있습니다.

세 번째는 수송에 제약이 따른다는 점입니다. 압축한 수소는

튜브트레일러(디젤 엔진)에 실어 수송해야 합니다. 현재 금속으로 만든 수소 적재 용기를 실은 Type1 수소튜브트레일러의 차량은 무게가 40t입니다. 40t짜리 차 한 대에 수소 버스 여덟 대의 충전량(현대자동차 수소 버스 수소 탱크 용량은 33.99kg)인 약 300kg 수송할 수 있습니다. 그런데 40t 차량은 도심 곳곳에서 도로 운행이 제한됩니다. 효율적인 수송을 하려면 운행 도로와 시간을 고려해야 합니다. 게다가 수소 생산지에서 충전소까지의 먼 거리를 대형 트레일러가 매일 운행해야 하는 건 비효율적인 방법으로 보입니다. 만일 더 많은 양을 더 먼 지역까지 운반하려면 지하에 수소 수송관을 설치해야 합니다.

기체 수소가 아니라 액체 수소라면 어떨까요? 수소 기체를 영하 253℃로 냉각해 액체로 만든 액화 수소는 같은 양의 기체 수소보다 부피가 800분의 1로 줄어듭니다. 당연히 액화 수소는 운송량에서 월등한 차이를 보입니다. 액화 수소는 수소 탱크 한 대당 실을 수 있는 양이 약 3,000kg에 달해 운송비 절감에 매우 유리합니다.[15] 그래서 앞으로는 저장과 운송이 좀 더 효율적인 액화 수소 시장이 확대될 것으로 예상하고 있습니다.

마지막으로 수소 충전 인프라 부족입니다. 수소충전소 하나를 세우기 위해서는 필요한 기술과 설치에 수십억 원이 듭니다. 여기에 더해 충전소 입지 주변의 주민 반대도 심해서 설치가 어려워 사회적 합의가 필요합니다.

궁금해! 상상을 현실로 만드는 모빌리티 수업

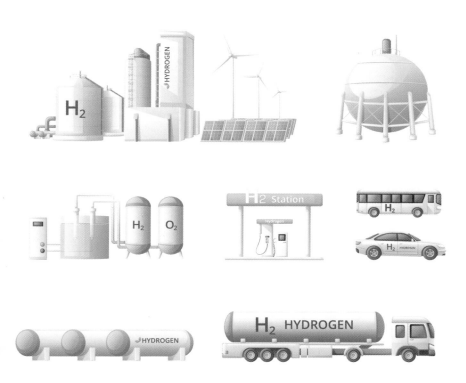

수소차가 대중화되려면 다양한 수소 충전 인프라가 필요합니다.

　정리하면 수소연료전지 자동차는 차량 내 연료전지에서 수소와 공기로 만든 전기로 이동하므로 전기자동차이고, 운행 중 이산화탄소 등의 배출이 없으므로 친환경 자동차입니다. 하지만 현재 수소의 대부분을 석탄이나 천연가스 등 화석연료에서 만들고, 운반이 어려우며, 수송 과정에서도 이산화탄소 배출이 많기 때문에 그린 수소 생태계를 만드는 노력이 병행되어야 합니다.

수소자동차는 수소연료전지의 양극에 수소와 산소를 주입하여 화학반응으로 만들어진 전기를 동력으로 사용합니다.

이런 수소연료전지 하나하나를 셀이라고 하고, 전압을 높이기 위해 셀을 쌓아 만든 것을 스택(stack)이라고 합니다. 좀 더 자세히 살펴보면, 우선 연료 탱크에서 연료극으로 들어간 수소 기체는 수소이온과 전자로 분리됩니다($2H_2 \rightarrow 4H^+ + 4e^-$).

수소자동차의 구조

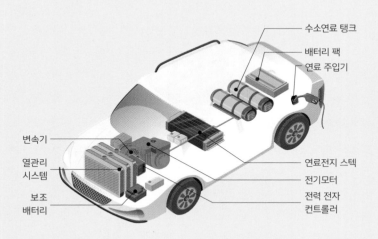

그리고 수소이온은 전해질막을 통과해 공기극으로 향하고, 전자는 외부 도선을 따라 흘러가 전류를 발생시킵니다.

외부에서 들어온 공기 중의 산소는 공기극에서 수소이온 및 전자와 결합해 물이 만들어집니다($O_2 + 4H^+ + 4e^- \rightarrow 2H_2O$).

수소연료전지 작동 원리

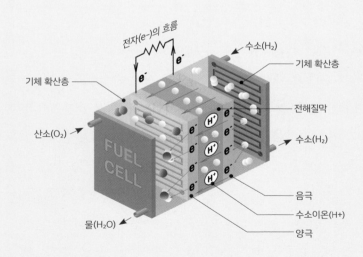

공간을 연결하는 모빌리티 공유 서비스

자동차를 공용으로 사용할 수 있는 서비스를 알고 있나요? '공유 자동차'라는 말은 자주 들어보았을 겁니다. 이는 공유경제가 자동차 이용에 적용된 형태입니다. 공유경제는 '잉여자원'의 '연결'인데요, 교통 분야에서는 '비어 있는 공간을 연결'하는 것을 의미합니다.

공유경제는 2008년 세계적 금융위기로 경제 불황이 지속되고 실업자가 증가하는 상황에서 나온 새로운 경제 활동 방식[16]의 하나입니다. 생산된 제품을 여럿이 공유해서 소비하는 경제 방식입니다. 이러한 방식은 차량 공유 플랫폼, 집 공유 플랫폼 등 다양한 분야로까지 확대되었습니다. 자가용 승용차는 전체 생애주기의 95%를 주차 상태로 있다고 앞서 이야기했습니다. 대표적인 잉여 자원이지요. 대중교통에 비해 필요할 때 바로 사용할 수 있는 편리성과 기동성 때문에 차량 보유율은 계속 증가하고 있습니다. 하지만 공유 서비스 역시 사람들의 자동차 소유에 관한 생각과 이동 방식에 변화를 일으키며 성장하는 추세입니다.

공유 서비스는 크게 차량 공유와 승차 공유로 구분할 수 있습니다. 본격적인 서비스 시작은 2000년 미국에서 차량 공유 서비스를 제공하는 집카(Zipcar)가 등장하면서부터입니다. 우리나라 회사는 회원제로 앱을 통해 차량 대여 서비스를 하고 있습니다. 2011년 9월부터 그린카, 2012년 3월부터 쏘카 등을 통해 서비스를

Book a round trip car

Once approved, you can book round trip Zipcars immediately on our website or through
our app. Turn on Bluetooth and location services on your phone for the most reliable
access to your Zipcar.

Download our app
Book Zipcar trips on the go with our app.

응용 소프트웨어를 내려받아 필요할 때 차량을 이용할 수 있는 세계 최대 차량 공유 업체 집카

이용할 수 있습니다.[17] 이제는 자동차 회사들도 공유 자동차 서비
스 시장에 뛰어들고 있습니다. 전 세계적으로 자동차 한 대당 평
균 주행거리가 줄어들고 있어서, 자동차 회사에서는 자동차 생산
공장의 가동과 생산량을 유지하기 위해서는 평균 주행거리를 늘
릴 방법을 찾아야 하기 때문입니다.[18]

승차 공유는 운전자가 자신의 잉여 시간과 본인 소유 자동차를
이용해 택시와 유사한 서비스를 제공하는 것입니다. 대표적으로

미국에서는 2009년부터 우버와 2012년 리프트(Lyft)가, 중국은 2012년부터 디디추싱(DiDi Chuxing) 등이 이러한 서비스를 제공하고 있습니다. 스마트폰 앱에 목적지를 입력하면 운전기사와 차가 이용자가 있는 곳까지 찾아와서 목적지까지 태워다 줍니다. 차량 공유보다 이용자가 많아 시장에서 기업 가치도 높습니다.

공유 서비스로 인해 기존의 공공교통 수요를 잠식한다는 비판의 소리가 있습니다. 우버가 택시 수요를 대체한다는 통계도 있습니다. 변완희(2021)의 자료에 따르면 미국에서 수송 점유율이 2014년 1분기 기준 택시 52%, 우버 9%였고 1년이 지난 2015년 1분기 기준 택시 35%, 우버 29%였습니다.[19] 하지만 우버 서비스가 기

스마트폰 앱 하나로 공유 서비스 이용이 가능합니다.

존 택시의 불편함에서 비롯되었고 기존의 교통체계에서 제공하지 못하던 서비스를 제공한다는 긍정적인 평가도 있습니다. 어느 쪽이든 교통 불편을 겪는 약자가 없어야 하겠습니다.

미래에 전기 자율주행자동차와 결합된 공유차 서비스가 시행된다면 그 파급력은 더 커질 것입니다. 현재는 차량 공유 서비스를 이용하기 위해서는 이용자가 주차된 곳까지 찾아가야 했습니다. 하지만 미래의 자율주행자동차는 탑승을 원하는 곳으로 자동차가 바로 찾아올 수 있습니다. 그리고 승차 공유 서비스 운임의 50~70%를 차지하는 운전사 비용이 들지 않아 요금도 내려갈 것입니다. 낯선 사람(운전기사) 없이 자기만의 공간(공간성)에 있을 수 있다는 점도 매력적입니다. 만일 수량만 충분하다면 대중교통의 역할도 일부 수행할 수 있으므로 도시 교통의 사각지대를 해소하는 데도 유용합니다.

도심 도로 위를 날아 이동하는 항공교통

도심항공교통(UAM, Urban Air Mobility)은 활주로 없이 수직으로 이착륙할 수 있는 비행체 기반의 이동 서비스를 말합니다. 기존의 항공·육상 교통과는 달리 주로 전기 배터리를 동력원으로 하기 때문에 소음이 적고 활주로가 없는 수직 이착륙 방식(eVTOL, electric Vertical Take Off and Landing)입니다. 이전에도 하늘을 나는 자동차라는 개념의 플라잉카(flying car) 연구가 진행되기도 했

가까운 미래에는 도로 위를 나는 에어택시를 타고 이동할 수 있습니다.

지만 이산화탄소를 많이 배출하는 내연기관 방식이고 활주로가
필요하다는 점에서 요즘의 도심항공교통과는 차이가 있습니다.

도심 고도 300~600m 정도에서 운행[20]하게 될 도심항공교통은
사람이 직접 조종하기도 하고 무선으로 조정하기도 하는 유무인
겸용 개인 항공기도 운행하지만, 궁극적으로는 무인 자율주행이
목표입니다. 서비스 방식은 특정 구간을 반복 운행하는 방식과 에
어택시, 그리고 화물을 운반하는 용도가 가장 유력합니다.

이러한 도심항공교통이 세상의 관심을 받은 것은 2016년 10월

궁금해! 상상을 현실로 만드는 모빌리티 수업

미국 우버 테크놀로지에서 〈주문형 도심항공교통의 미래상을 위한 연구〉 보고서를 발표하면서부터입니다. 이 보고서를 통해 "전 세계 거대도시 근로자들이 매일 아침 출근할 때 90분 이상을 허비"하고 있다고 밝히며 이를 개선하기 위해 도심항공교통이 필요하다고 제안했습니다.[21]

현재 자동차 제작사와 빅테크 기업들이 도심항공교통 부문의 미래 주도권을 장악하기 위해서 투자하고 있습니다. 세계적으로 유명한 기업으로는 2022년 수직 이착륙기를 양산한 미국의 스타트업 기업 조비 에비에이션(Joby Aviation)이 있습니다. 이 회사는 일본 토요타 자동차에서 투자한 회사로 2025년 일본 오사카·간사이에서 개최될 세계 박람회에서 에어택시 서비스를 선보일 준비를 하고 있습니다. 중국의 지리자동차가 투자한 것으로 알려진 독일의 블로콥터(Volocopter)는 2024년 파리 올림픽에 상용화를 목표로 개발 중입니다. 중국의 이항(Ehang)도 선두 주자입니다.

국내에서는 2026년 상용화를 목표로 한화시스템과 2028년 상용화를 목표로 현대기아자동차 그룹이 비행체를 자체 개발 중입니다. 현대차그룹은 "미래 사업의 50%는 자동차, 30%는 도심항공교통, 20%는 로보틱스가 맡게 될 것"이라고 밝힌 바 있습니다.[22, 23] 한국항공우주연구원(KARI)에 의하면 도심항공교통이 도입된다면 "서울 시내 평균 이동 시간이 자동차 대비 약 70% 빠를 것"으로 예상됩니다.[24] 자동차로 약 1시간 정도 걸리는 30~50km 거리

도심항공교통의 하나로 한화의 오버에어(Overair)가 서울 항공을 나는 상상도

를 약 20분이면 갈 수 있게 됩니다. 국내에서는 서울시가 2023년 5월에 발표한 바에 따르면 국토교통부와 함께 본격적인 실증사업을 추진해 수도권을 중심으로 2023년 도심항공교통에 관하여 1단계 실증사업 후 2024년부터 2025년까지 2단계 실증사업을 진행할 예정입니다. 서울 김포공항 ~ 여의도 구간의 18km, 잠실 ~ 수서 구간, 경기도 킨텍스 ~ 김포공항, 인천 드론 시험인증센터 ~ 계양 신도시 구간의 노선입니다. 3단계는 잠실헬기장 ~ 수서역 구간입니다. 이러한 도심항공교통이 성공하려면 몇 가지 조건[25]이 충족되

도심항공교통 수도권 실증노선

V5 고양킨텍스

14km

V1
드론시험
인증센터

서울시

14km

V2
계양신도시

V3
김포공항

18km

V6 잠실헬기장

V4
여의도공원

8km

V7
수서역

- •1단계(V1, V2) 아라뱃길(2024. 8 ~ 2025. 3) : 준도심에서의 안전성 검증
- •2단계(V3, V4, V5) 한강(2025. 4 ~ 2025. 5) : UAM의 공항지역과 한강 회랑 실증
- •3단계(V6, V7) 탄천(2025. 5 ~ 2025. 6) : 본격적인 도심 진출을 위한 실증

자료 : 국토교통부(2023.5.12)

어야 합니다.

첫 번째 도심의 항공을 비행하므로 안전과 소음 문제를 해결해
야 합니다. 도심항공교통의 핵심 기술 중 하나는 '분산 전기 추진
기술'입니다. 하나의 배
터리에서 생성하는 전
기에너지로 여러 개의
회전날개(로터, rotor)가
독립적으로 구동되는

> 헬리콥터 기체의 위쪽에서 회전하는 날개를
> 보통 프로펠러라고 하지만 전문용어로는 로
> 터, 혹은 회전날개, 회전익(rotary wing)이라
> 고 합니다. 프로펠러는 기체가 앞으로 향하는
> 추진력을 만드는 것이고, 로터는 위로 향하는
> 양력을 만듭니다.

20dB	40dB	50dB	60dB	62~65dB	87dB	100dB	110dB	120dB
시계 초침	도서관	조용한 사무실	일상적 대화	개인용 비행체	헬리콥터	열차 통과 시 철도변 소음	자동차 경적	전투기 이착륙

자료 : 삼정KPMG 경제연구원(2020)

기술입니다. 만일 개별 회전날개에 문제가 생겨도 다른 회전날개가 구동되기 때문에 안전하게 비행할 수 있습니다. 헬리콥터보다 작은 회전날개를 사용하지만 소음 문제는 아직 더 개선이 필요합니다. 현재 도로변 주거지역 환경기준은 낮에는 65dB(데시벨), 밤은 55dB입니다. 소음 발생이 기준 이하여야 하늘 위에서 물체가 날아다니는 것을 모르고 생활할 수 있습니다.

두 번째로 운항 거리 확보입니다. 배터리를 주로 사용하므로 주행거리가 아직은 최대 약 100km 정도입니다. 이를 보완하기 위해서 수소연료전지 방식도 개발 중입니다.

세 번째로 하늘 위를 안전하게 비행할 수 있는 운행 기술과 관제 기술이 필요합니다. 이를 위해서는 빠르고 정확한 통신 기술인 5G 기술 활용이 중요합니다.

마지막으로 안전성과 기술력 검증체계가 필요합니다. 미국에서는 항공우주국(NASA)이 참여하여 성능과 안정성 검증 절차를 만들고 조비 에비에이션의 소음이나 이착륙, 통신 등 여러 분야를 테스트했습니다.[26] 유럽에서는 슬로바키아의 스타트업 기업인 클라인비전의 플라잉카(하늘을 나는 차)가 정부에서 공식 비행 허가를 받았습니다.[27]

도심항공교통은 도로 교통수단의 한계를 넘는 장점으로 하늘 위에서 펼쳐질 새로운 모빌리티입니다. 전기자동차나 자율주행자동차는 기존 도로를 이동하므로 목적지까지 소용되는 시간이나 도로 혼잡 등을 완전히 해결하기 어렵다는 한계가 있습니다. 안전과 기술적 안정성, 그리고 경제성이 확보된다면 도심항공교통은 도로 위에서 지금껏 느껴본 적 없는 새로운 이동 경험을 선사할 것으로 기대됩니다.

앱 하나면 오케이, 통합연계 서비스

목적지까지 이동할 때 이용하는 대중교통이나 택시, 자가용, 공유 자동차, 공유 자전거 등 여러 교통수단을 하나의 통합된 플랫폼에서 정보를 볼 수 있고 예약과 지불까지 가능한 서비스가 있다면 편리하겠죠.

철도, 버스 등 대중교통을 비롯해 택시, 공유 자동차, 개인형 이동장치 등을 편리하게 이용할 수 있게 연계한 통합연계 서비스

(MaaS, Mobility as a Services)가 있습니다. '서비스로서의 모빌리티'라고도 합니다. 통합연계 서비스가 실현되면 이용자가 자신의 통행 패턴을 고려해서 시간대별 요금제나, 휴대전화 요금처럼 월 정액제 등 다양한 요금제 중에서 선택할 수 있습니다. 또한 여러 교통수단을 연계 환승으로 이용하여 '문 앞에서 문 앞까지'의 서비스가 가능해집니다.[28]

통합연계 서비스는 유럽에서 제안되어 현재 일부 지역에서 선도적으로 시행 중입니다. 대표적으로 핀란드 헬싱키의 윕 (Whim), 스웨덴 예텐보리의 유비고(Ubigo) 앱이 있습니다. 유럽에서는 2015년 통합연계 서비스의 확대를 위해서 민간 차원의 MaaS 동맹을 구성하고, 5단계(Level 0~4)로 분류하여 시범적으로 진행하고 있습니다. 0단계는 통합이 없는 것이고 1단계는 교통 정보만 통합된 형태입니다. 우리나라 포털 사이트에서 목적지를 검색하면 교통수단과 이동 경로가 제공되는 것과 유사합니다. 윕과 유비고는 여러 교통수단 정보는 물론이고 이용 요금을 하나의 청구서로 제공하는 3단계(Level 3) 수준[29]입니다. 우리나라는 이제 시작 단계입니다. 하지만 세계 어느 나라보다 잘 갖추어진 교통 인프라와 대중교통 서비스, 그리고 IT기술을 잘 활용한다면 유럽의 2단계(Level 2)나 3단계(Level 3) 수준의 통합연계 서비스보다 더 훌륭한 서비스가 등장할 것으로 기대합니다.

자, 이렇게 통합연계 서비스로 교통수단의 선택권이 다양해지

통합연계 서비스(MaaS) 개념

통합연계 서비스는 철도, 버스 등 대중교통을 비롯해 택시, 공유 자동차, 개인형 이동장치 등을 하나의 앱으로 편리하게 이용할 수 있는 서비스입니다.

고 이용이 편리해진다면 개인이 자동차를 굳이 사야 할까요? 코로나19가 확산되면서 대중교통을 이용하기보다 개인 자동차나 개인형 이동장치 이용이 늘었습니다. 이 때문에 도입이 늦춰지고 있지만 앞으로 통합연계 서비스는 대중교통뿐 아니라 개인형 이동장치와 일반 자동차 등 모든 모빌리티를 포함하는 서비스로 발전되리라 생각합니다.

수소가 다 똑같은
수소가 아니라고요?

 수소는 생산 방법에 따라 브라운 수소, 그레이 수소, 블루 수소, 그린 수소로 구분한다는데 뭐가 어떻게 다른가요?

수소를 만드는 과정에 따라 각각 붙여진 이름이야. 우선 브라운 수소는 갈탄이나 석탄 등을 태워 가스에서 추출하는 개질수소야.

그레이 수소는 천연가스를 고온·고압에서 반응시켜서 수소를 추출하는 개질수소와 철강이나 많은 공업품을 생산하는 석유화학 공정에서 부수적으로 나오는 부생수소를 말해. 블루 수소는 그레이 수소를 만들 때 발생한 이산화탄소를 포집·저장해서 탄소 배출을 줄인 수소고, 그린 수소는 태양광 발전이나 풍력발전 같은 재생에너지로 물을 전기 분해해 얻는 수소야. 수

전해 방식이지. 그린 수소가 가장 친환경적이지만 국제에너지기구에 따르면 현재 전 세계 수소 생산량의 0.1%로 아직은 극소량밖에 생산되고 있지 않아. 2019년도 〈수소의 미래〉 보고서에 따르면 전 세계 수소 생산량 약 7,000만t 가운데 76%를 천연가스에서 추출하고, 23%를 석탄에서 추출하고 있어. 우리가 사용하는 수소 대부분이 화석연료에서 만들어지고 있는 거지.[30] 아직은 수소를 만드는 과정에서 이산화탄소도 많이 발생하는 거야. 그러니까 수소전기차가 완전히 친환경 자동차가 되려면 그린 수소의 생산량이 훨씬 많아져야겠지.

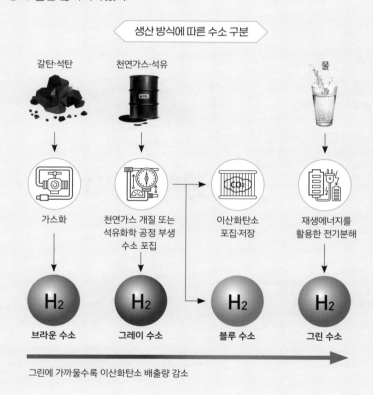

생산 방식에 따른 수소 구분

갈탄·석탄 　　　천연가스·석유 　　　　　　　　　　　물

가스화 　　　천연가스 개질 또는 　　이산화탄소 　　　재생에너지를
　　　　　　석유화학 공정 부생 　　　포집·저장 　　　활용한 전기분해
　　　　　　　수소 포집

H₂ 　　　　H₂ 　　　　H₂ 　　　　H₂

브라운 수소 　　　그레이 수소 　　　블루 수소 　　　그린 수소

그린에 가까울수록 이산화탄소 배출량 감소

제 장

자율주행자동차를
움직이는 첨단 기술

자동차의 감지 시스템과 인공지능 기술

자율주행은 카메라를 이용하거나

레이다를 이용하기도 하죠.

레이저를 쏴서
주변을 인식하는
라이다도 있고,

초음파 센서도
사용된다구.

미래 모빌리티의 핵심인 자율주행자동차에는 어떤 기술들이 숨어 있을까?

어떻게 정보를 감지하고, 분석·판단해 스스로 운행할 수 있는 걸까?

인공지능은 미래 모빌리티를 어떻게 바꿀까?

자율주행자동차 개발은 우리나라가 최초

자율주행자동차(AV, Autonomous Vehicle)는 운전자나 승객의 조작 없이 운행이 가능한 자동차를 말합니다.[1] 무인 자동차라고도 합니다. 사람이 직접 운전하지 않는 자율주행자동차는 자동차 역사에 한 획을 그을 것으로 기대되고 있습니다. 현재 자동차 분야의 산업구조와 시장 판도가 급변하고 있습니다. 이 급변의 시대에 변화 주도권을 차지하기 위해서 세계 여러 자동차 회사와 IT 기업이 치열하게 경쟁하고 있습니다.

자율주행 기술 관련 연구는 미국에서 군사 목적으로 군수 물자 제공이나 탱크 조종 등의 임무에서 인명피해를 줄이기 위해 시작되었습니다. 자동차 부문에서는 1960년대 벤츠사를 중심으로 제안되었고 1970년대 중후반부터 초보 연구를 거쳐 컴퓨팅 관련 기술이 발전한 1990년대 본격적인 연구가 시작되었습니다.[2]

우리나라는 세계 최초로 자율주행자동차로 시내 구간 주행

고려대학교 공과대학교 신공학관 1층 로비에 전시된 세계 최초로 자율주행한 자동차

(Level 2 수준)에 성공했습니다. 1993년 서울 시내 청계천에서 여의도 63빌딩에 이르는 17km 구간을 수동기어 자동차로 주행(고려대학교 산업공학과 한민홍)했습니다. 선진국보다 20년이나 앞선 기술 개발이었지만, 당시 우리나라 정부와 자동차 제작사의 선택을 받지 못해 상용화되지는 못했습니다. 결국 2004년 자금난으로 연구를 중단하기도 했습니다.[3]

현재 개념의 자율주행자동차의 본격적인 연구는 2004년 다르파(DARPA, Defense Advanced Research Projects Agency) 경진대회에서 시작되었습니다. 다르파는 미국 국방성 산하 방위고등연구계

궁금해! 상상을 현실로 만드는 모빌리티 수업

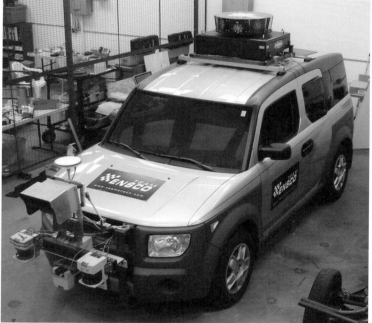

2007년 다르파 어반 챌린지에 참여한 차량

획국으로 민간 분야의 관심과 기술 개발을 유도하고, 개발된 기술을 국방 분야에 도입해 활용하고 있습니다. 자율주행자동차 경진대회 외에도 재난구조 로봇 경진대회인 로보틱스 챌린지(2015) 등이 유명합니다.

2004년 그랜드 챌린지 대회는 미국 모하비 사막에서 자율주행으로 240km를 이동하는 것이 목표였습니다. 1차 대회에서는 참가팀 중 완주한 팀이 없었고, 2005년 2차 대회에서 미국 스탠퍼드대학교가 우승을 차지했습니다.[4] 이를 두고 《축적의 시간》(2015)에서 저자는 "미국 모하비 사막의 대실패가 자율주행자동차라는 새로운 카테고리를 만들었다"라고 말하기도 합니다. 이후 2007년 어반 챌린지에서는 미국 카네기멜런대학교가 우승했습니다. 이 대회는 도심을 모방한 경기장에서 96km를 자율주행으로 6시간 내 이동하는 것이 목표였습니다. "더 빨리가 아니라 스스로 달리는 자동차를 만들라는 이전에 없던 새로운 문제, 아직은 답이 없는 교과서 밖의 문제를 내는 국가가 선진국"[5]이라는 표현이 적절한 거 같습니다.

군사 목적으로 자율주행 연구가 시작되기는 했지만, 교통 부문에서는 다른 목적으로 기술을 개발하고 있습니다. 통계를 보면 전체 교통사고의 95%가 운전자의 운전 부주의, 음주운전, 과속, 졸음, 전방주시 태만 같은 문제로 발생합니다. 자율주행자동차가 개발되면 사람의 실수로 일어나는 교통사고를 예방하고 줄이는 데

도움이 될 것입니다.

구글은 2009년부터 그랜드·어반 챌린지 연구자들을 발탁해서 자율주행자동차인 구글카를 개발 중입니다. 구글카 팀은 2017년도에 웨이모 회사로 분사했습니다. 현재는 자동차 제작사인 테슬라, 제너럴 모터스, 아우디폭스바겐그룹, 현대차 등이 개발 중이지만 웨이모, 우버, 애플 등의 IT 플랫폼 기업뿐 아니라 반도체와 인공지능을 개발하고 있는 엔비디아도 개발하고 있습니다.

자율주행의 수준은 미국 국제자동차기술자협회(SAE Inter national, Society of Automotive Engineers Inter national)가 J3016 표

미국 자동차기술자학회의 자율주행 6단계 구분

레벨 구분	레벨 0	레벨 1	레벨 2	레벨 3	레벨 4	레벨 5
	운전자 보조 기능			자율주행 기능		
명칭	자율주행 없음	운전자 지원	부분 자동화	조건부 자동화	고도 자동화	완전 자동화
운전 주시	항시 필수	항시 필수	항시 필수 (운전대를 상시 잡고 있어야 함)	시스템 요청 시 (운전대를 잡을 필요 없음. 제어권 전환 시 만 잡을 필요)	작동 구간 내 불필요 (제어권 전환 없음)	전 구간 불필요
자동화 구간	-	특정 구간	특정 구간	특정 구간	특정 구간	전 구간

준에서 구분한 것이 국제적인 기준으로 통용되고 있습니다. 크게는 사람(운전자)이 주도하여 주변 상황을 지켜보느냐, 아니면 자율주행 시스템이 주도하여 운행하느냐로 구분합니다. 세부적으로는 레벨 0부터 레벨 5인 6단계로 나눕니다.[6] 현재 판매되는 자동차는 레벨 2로 자동 조향, 차로 변경, 차량 거리 유지, 정지 등의 기능이 가능한 단계입니다. 운전자가 운전 모드에서 완전히 자유로워지는 레벨 5인 6단계는 2030년쯤 가능할 것으로 전망하고 있습니다.

자율주행의 대중화를 위해서는 아직 해결해야 할 문제들이 있습니다. 자율주행자동차와 일반 차량이 혼재된 도로에서 발생할 수 있는 교통 혼잡입니다. 그리고 교통사고에 대한 우려입니다. 특히나 과실이 어디에 있는지에 대한 문제 등 안전성과 관련해 해결해야 할 문제들이 있습니다. 그 외에도 전자기기로 움직이는 차의 특성상 해킹에 대한 우려가 있고, 감지한 주변 상황을 분석하고 판단하는 과정에서 트롤리 딜레마 등도 있습니다.

자율주행은 기술 발전과 대중화되는 과정에서 여러 어려움은 있겠지만, 이미 기존의 이동 방식과 산업구조에 큰 변화

> 트롤리 딜레마는 윤리학에서 가정한 사고실험의 하나로 유명합니다. 제동장치 고장 상태로 탄광 수레(trolley)가 달릴 때 계속 운행하면 5명을 치고, 궤도 옆에 서 있는 사람이 분기기 스위치를 당기면 옆 궤도로 방향이 바뀌면서 그곳에 있는 1명을 치는 상황입니다. 자율주행자동차가 직진하면 도로를 무단 횡단하는 사람 5명을 치고, 방향을 틀면 보행자나 자율주행자동차 운전자 1명이 죽는 경우의 선택 딜레마입니다.[7]

를 일으키고 있습니다. 우리의 삶과 도시의 모습에도 변화가 예상됩니다.

자율주행을 위한 자동차의 3단계 시스템

자율주행자동차는 로봇처럼 '감지(sensing) → 분석 및 판단(processing) → 작동(actuate)'의 세 단계[8]를 거쳐서 도로 위를 달립니다. 자율주행 택시는 로보택시(로봇＋택시)라 부르고 있습니다.

첫 번째 감지 단계에서는 자율주행자동차에 장착된 카메라와 레이다(Radar), 라이다(LiDAR) 등 여러 종류의 센서가 사람의 눈과 귀처럼 주변 상황의 정보를 감지하고 받아들입니다. 여기서 정보는 위치, 도로 상황, 차량 주변 상황 등을 말합니다. 센서에서 수집한 정보는 전기신호로 바뀌어 처리장치(processing unit, 프로세스 유닛)에 전달됩니다.

두 번째 단계는 감지 단계에서 센서를 거쳐 처리장치로 들어온

자율주행 3단계 시스템

1단계(감지) 센서		2단계(분석, 인지, 판단) 프로세싱 유닛		3단계(작동) 각종 장치
카메라, 레이다, 라이다, 초음파 센서, GPS, 관성 측정장치 등	신호 →	·하드웨어 : GPU, SoC 칩 등이 장착된 컴퓨터 ·소프트웨어 : C++, 파이썬으로 짠 인공지능 알고리즘, 정밀(도로)지도	신호 →	제동장치, 조향장치, 각종 램프, 와이퍼 등

인간의 뇌와 자동차 시스템

D램
플래시 메모리
SSD

기억

사고

CPU
GPU
NPU

인지

이미지 감지 센서
라이다 / 레이다
모뎀

정보를 GPU(Graphic Processing Unit), NPU(Neural Processing Unit), SoC(System on Chip) 등의 하드웨어(예, 테슬라 HW 3.0)와 인공지능 알고리즘 같은 소프트웨어(예, 테슬라 FSD 12) 등을 사용하여 실제 주행을 위해 분석하고 판단합니다.

마지막으로 앞의 단계에서 분석 판단한 결과로 자동차 내 각종 장치(actuator)를 작동시켜 차량을 자율적으로 운행합니다.

자율주행자동차는 이러한 세 단계의 과정을 신속하게 처리해 차량을 움직입니다. 여기서는 자율주행 기술의 핵심인 감지와 분석·판단 과정의 주요 기술을 소개하겠습니다. 그리고 기술적인 면에서 테슬라와 그 외 자동차 회사들의 차이를 살펴보겠습니다.

궁금해! 상상을 현실로 만드는 모빌리티 수업

눈과 귀가 되는 자율주행자동차의 센서들

사람이 운전하지 않는 자율주행자동차는 어떻게 도로 상황을 파악할 수 있을까요? 자동차 곳곳에 장착된 센서들이 사람의 눈과 귀 역할을 하고 있기 때문에 가능합니다.

운전자의 조작 없이 말 그대로 자율주행이 가능해지려면 다양한 첨단 기술이 갖추어져야 합니다. 대표적으로 도로 주변 환경을 감지하는 센서 기술, 센서의 정보를 융합해 정밀지도와 위치를 파악하는 측위 기술, 많은 양의 데이터를 처리하는 능력, 그리고 판단하고 제어하는 기술 등이 있습니다.[9] 이런 기술을 종합하여 SLAM(Simultaneous Localization and Mapping)이라 합니다.

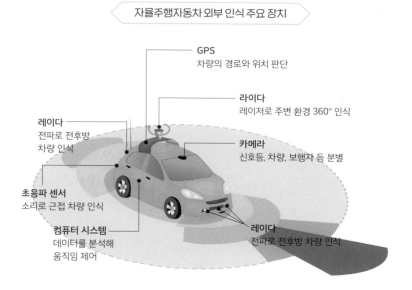

자율주행자동차 외부 인식 주요 장치

GPS
차량의 경로와 위치 판단

라이다
레이저로 주변 환경 360° 인식

레이다
전파로 전후방
차량 인식

카메라
신호등, 차량, 보행자 등 분별

초음파 센서
소리로 근접 차량 인식

컴퓨터 시스템
데이터를 분석해
움직임 제어

레이다
전파로 전후방 차량 인식

① 카메라

카메라는 물체에서 반사되는 빛을 광학 센서가 감지해 이미지를 픽셀로 저장하고 숫자로 변환하는 장치입니다. 카메라는 다른 센서에 비해 해상도가 높아서 정확한 인식이 가능하다는 장점이 있습니다. 반면에 빛의 반사를 이용하므로 흰색 빛에 취약하고 조명이나 날씨 등 환경의 영향을 받습니다. 그리고 사물 간의 거리 파악이 어렵다는 단점이 있습니다.

자율주행자동차에서는 카메라를 여러 대 사용합니다. 테슬라의 자율주행자동차 시스템(오토파일럿)에는 8대[9]가 장착되어 있습니다. 중국 바이두의 아폴로 RT6 로보택시는 12대[10]의 카메라가 외부 환경을 감지합니다.

자동차 곳곳에 장착된 센서들이 사람의 눈과 귀의 역할을 하며 주변 상황을 감지합니다.

테슬라 자동차의 자율주행 시스템 오토파일럿의 카메라 기능

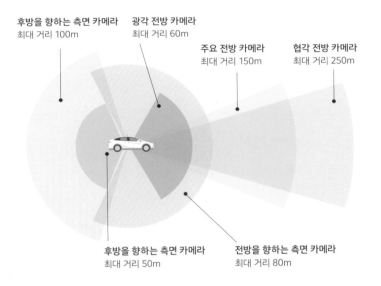

후방을 향하는 측면 카메라
최대 거리 100m

광각 전방 카메라
최대 거리 60m

주요 전방 카메라
최대 거리 150m

협각 전방 카메라
최대 거리 250m

후방을 향하는 측면 카메라
최대 거리 50m

전방을 향하는 측면 카메라
최대 거리 80m

테슬라 자율주행자동차의 오토파일럿 시스템

Self-driving mode
Program: oncoming drive
Front camera
Real time scan

Oncoming car

Bicycler

Pedestrian

테슬라 자동차 오토파일럿 시스템에서는 카메라 여러 대가 중복해서 촬영합니다. 전방 최대 250m, 후방 최대 100m, 측면 최대 80m 범위까지 주변 환경을 파악합니다.[11] 광각(넓은 각도) 전방 카메라(120° 어안렌즈)는 신호등이나 진행 방향을 가로막는 장애물, 가까운 거리에 있는 물체를 탐지합니다. 도심에서 저속으로 주행할 때 유용합니다. 협각(좁은 각도) 전방 카메라는 먼 거리를 관측해서 고속 운전에 유용한 시스템입니다. 후방을 향하는 측면 카메라는 후방 사각지대를 감지해 차선 변경할 때 유용합니다. 전방을 향하는 측면 카메라는 고속도로에서 예기치 않게 자율주행 차로로 진입하는 자동차를 감지합니다. 후방 관측 카메라는 주차할 때 사용합니다.

구글 웨이모, GM 크루즈, 현대자동차 등 대다수 자율주행자동차 회사들은 일반 카메라의 단점을 보완하는 장치로 레이다와 라이다를 정밀지도와 함께 사용합니다. 하지만 테슬라는 이와 달리 자동차 주변 상황을 정밀지도 없이 카메라와 함께 인공지능 기술을 이용합니다.

② 레이다

레이다(Radar) 또한 자율주행자동차에서 눈과 같은 기능을 합니다. 레이다 또는 전파탐지기는 강한 전자기파를 발사해 반사되어 오는 전자기파를 분석해 거리나 상대속도 등을 측정하는 원리

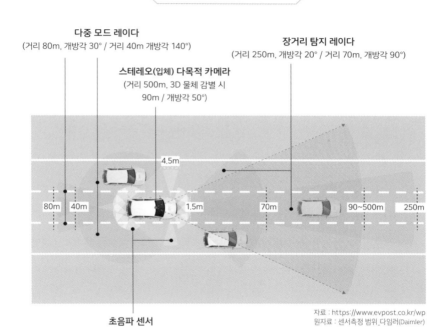

센서 측정 범위와 센서 융합

다중 모드 레이다
(거리 80m, 개방각 30° / 거리 40m 개방각 140°)

스테레오(입체) 다목적 카메라
(거리 500m, 3D 물체 감별 시
90m / 개방각 50°)

장거리 탐지 레이다
(거리 250m, 개방각 20° / 거리 70m, 개방각 90°)

4.5m

80m 40m 1.5m 70m 90~500m 250m

초음파 센서
(거리 1.5 ~ 4.5m)

자료 : https://www.evpost.co.kr/wp
원자료 : 센서측정 범위_다임러(Daimler)

입니다.

　레이다에 파장이 긴 저주파를 사용하면 먼 거리까지 탐색할 수 있지만 정밀한 측정이 아니라서 해상도가 낮습니다. 반대로 파장이 짧은 고주파는 수증기나 눈, 비 등에 흡수되거나 반사되어 파장이 줄어들거나 없어져(감쇄) 먼 거리까지 탐색할 수가 없습니다. 하지만 높은 해상도를 얻을 수 있다는 장점이 있습니다. 그래서 먼 거리에 있는 목표물을 빨리 발견해야 할 때는 저주파가, 형태

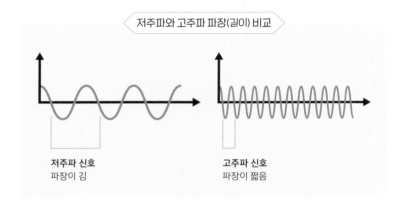

저주파와 고주파 파장(길이) 비교

저주파 신호
파장이 김

고주파 신호
파장이 짧음

나 크기 등 정밀한 측정을 위해서는 높은 해상도를 얻는 고주파가 적합합니다. 자율주행자동차에서는 레이다의 이런 특성을 고려해 장거리용과 단·중거리용의 다중 모드 레이다를 사용합니다.

③ 라이다

라이다(LiDAR) 역시 자율주행자동차에서 눈과 같은 기능을 합니다. 라이다는 라이트(Light)와 레이다(Radar)의 합성어로 레이저를 물체에 쏘아 반사되어 오는 시간을 측정하는 원리입니다. 전파를 이용하는 레이다와 원리는 같지만 빛을 이용하는 특성 때문에 레이다와 달리 구름, 비, 눈, 짙은 안개를 통과하지 못하는 특성이 있어서 날씨 관측용으로 개발해 사용하고 있습니다.

자율주행자동차에서는 초당 수백만 개에 달하는 레이저를 360° 각도로 회전하면서 발사(스캔, scan)해 물체에 반사되어 되돌

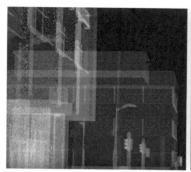

벨로다인 라이다(왼쪽)와 고해상도 레이다(오른쪽) 비교

아오는 시간을 측정합니다. 이 데이터로 차량에서 사물까지의 거리, 방향, 속도, 물질(물체)의 특성, 3차원 영상 등을 수집할 수 있습니다. 레이저가 대상 물체에 반사되어 들어오는 정보가 점(point)을 생성해 수천만 개의 점으로 이뤄진 점 구름(point cloud) 형태로 거리 자료가 수집됩니다. 라이다의 장점은 곧게 뻗어가는 강한 레이저를 사용하기 때문에 물체의 왜곡이 적고 정밀도가 높습니다. 그래서 작은 물체를 감지할 수 있고 어두운 야간에도 주변을 탐지할 수 있습니다. 수집된 정보는 레이다보다 해상도(밀도)가 높아서 정밀지도를 만드는 데 이용됩니다.

라이다는 몇 가지 단점이 있습니다. 우선 탐지 범위에 제약이 있습니다. 라이다에 쓰이는 레이저는 전파에 비해 출력을 높이기 어렵습니다. 고출력으로 하면 열이 발생하는데 이 열을 냉각하기 어렵기 때문입니다. 앞서 말했듯이 구름이나 비, 눈, 구름, 안개

벨로다인 라이다의 도로 상황 검지

구글 웨이모 라이다의 도로 상황 검지

궁금해! 상상을 현실로 만드는 모빌리티 수업

지붕에 라이다 장치가 있는 구글 5세대 자율주행 로보택시(미국, 샌프란시스코)

등을 통과할 수 없어 날씨가 나쁠 경우나 악천후에는 탐지 기능이 떨어집니다. 그리고 아직은 가격도 비싼 편입니다. 초기 구글의 웨이모가 사용한 라이다 센서의 가격이 7만 5,000달러(환율 1,200원 시 한화로 9,000만 원)로 알려져 있습니다.[12] 현재는 대량으로 생산되어 7,500달러(환율 1,200원 시 한화로 900만 원) 수준입니다.[13] 좀 더 낮은 가격의 라이다가 개발되고는 있지만 자동차 한 대에 여러 대를 설치해야 해서 비용면에서는 여전히 부담이 큽니다. 물론 지속적인 기술 개발로 앞으로 비용 부담은 줄 것으로 기대됩니다. 그 외 외관상 문제도 있습니다. 기술 특징상 자동차 지붕 위에 설치해야 하는데, 택시처럼 원래 등이 있는 경우는 덜 어색하지만 일반 자동차에서는 지붕에 돌출된 라이다 장치가 도드라져 보입니다.

④ 초음파 센서

초음파를 이용하는 센서는 사람의 귀 역할을 한다고 보면 됩니다. 초음파란 소리(음파) 가운데 진동수가 2만 Hz(헤르츠) 이상으로 사람의 귀로는 들을 수 없는 소리입니다. 자율주행자동차 초음파 센서는 진동자에서 초음파를 발생시켜 물체에서 반사되어 오는 돌아오는 시간을 측정해 거리 계산을 합니다. 자율주행

> 소리(음파)는 매질에 따라 차이는 있지만 상온에서 340m/s의 속력으로 진행합니다. 물체까지의 거리 = 초음파의 속력 × 반사파가 돌아오는 시간

자동차에서 후방 초음파 센서는 주차 시스템에 사용됩니다. 차량 전면에 장착된 전면 초음파 센서는 차량 전진 시 일정 거리 이내에 있는 물체와의 거리를 감지합니다.

후방 초음파 센서는 주차할 때 차량 뒤의 사물을 감지합니다.

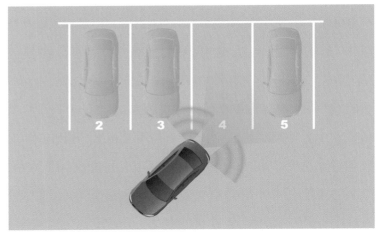

궁금해! 상상을 현실로 만드는 모빌리티 수업

정보 분석과 판단을 위한 처리장치

실제 주행을 위해서는 감지 단계에서 들어온 정보를 분석하고 안전한 주행을 위해 정확한 판단을 내려야 합니다. 센서에서 감지한 정보들을 분석하고 판단하는 데는 입력된 정보의 특성에 따라 다른 기술을 적용합니다. 이러한 자율주행자동차의 두뇌 시스템을 이해하려면 먼저 컴퓨터와 반도체, 그리고 인공지능에 대한 기초 지식이 필요합니다.

컴퓨터의 개념은 1936년 무렵 세계적인 수학자 앨런 튜링과 존 폰 노이만이 처음으로 제시했습니다. 노이만이 제시한 컴퓨터 구조를 '폰 노이만 구조'라고 합니다.

폰 노이만 구조는 중앙처리장치(CPU), 메모리(memory), 프로그램(program) 세 가지 요소로 구성되어 있습니다. 122쪽 그림처럼 CPU와 메모리는 서로 분리되어 있고 둘을 연결하는 버스(bus)를 통해 명령어 읽기, 데이터 읽기, 데이터 쓰기가 가능합니다. 이때 메모리 안에 프로그램과 데이터 영역은 물리적 구분이 없어서 명령어와 데이터가 같은 메모리와 버스를 사용합니다. 컴퓨터에서 버스는 컴퓨터 안의 여러 부품 간 또는 컴퓨터 간에 데이터와 정보를 전송하는 통로(통신 시스템)를 말합니다.

컴퓨터의 핵심은 CPU와 메모리를 분리하고 명령어를 따로 저장하는 '프로그램 내장 방식'에 있습니다. 예컨대 '1+1'이나 '2-1' 같은 계산을 한다면 메모리 안에 저장된 계산용 프로그램을 찾아

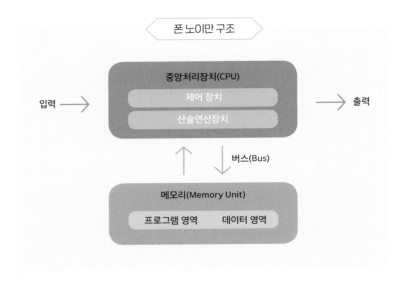

폰 노이만 구조

중앙처리장치(CPU)

제어 장치

산술연산장치

입력 →

→ 출력

버스(Bus)

메모리(Memory Unit)

프로그램 영역   데이터 영역

데이터 영역으로 꺼낸 다음, 입력값과 함께 CPU에 전달합니다. 그리고 CPU에서 데이터 연산작업을 마친 뒤 다시 메모리에 저장합니다.

개인용 컴퓨터로 게임을 할 때를 예로 들어보겠습니다. 게임 프로그램은 컴퓨터 전원이 꺼져도 지워지지 않는 롬(ROM, Read Only Memory)에 저장되어 있습니다. 그리고 게임을 실행시키면 작업장, 즉 램(RAM, Random Access Memory)에 올라가고 CPU가 작업을 수행해서 게임이 돌아갑니다. 이때 수많은 픽셀을 동시에 계산하는 그래픽은 직렬 연산 CPU보다 처리 속도가 느리지만, 동시에 여러 개를 계산하는 병렬 연산이 가능한 그래픽 연산장치

궁금해! 상상을 현실로 만드는 모빌리티 수업

(GPU, Graphic Processing Unit)에 작업을 맡깁니다. 그래서 GPU를 가속기라 부르며, 이 GPU는 CPU와 함께 연산작업을 합니다. 컴퓨터 구조가 이렇게 달라진 것은 컴퓨터 개발 초기에 CPU는 단순 계산에 최적화되어 있었지만, 다루어야 할 데이터 양이 매우 커지면서 처리 지연과 병목 현상 등이 한계로 나타났기 때문입니다. 그래서 현재는 계산량이 많은 그래픽을 처리하는 데 병렬 연산이 가능한 GPU를 사용합니다. 특히 게임 산업 등이 발전하면서 고해상도의 그래픽 이미지와 영상 등 더욱 많아진 정보의 양을 빠르게 처리하기 위해서입니다.

GPU는 연산을 담당하는 코어(core)가 수백에서 수천 개이고 정보를 '병렬 처리'하는 칩입니다. 코어의 그래픽 처리 능력을 낮추고 컴퓨터 연산 능력을 극대화한 칩은 GMGPU입니다. 코어 하나하나의 처리 능력은 CPU보다 떨어지지만 많은 양의 계산을 동시에 처리할 수 있는 장점이 있습니다. 그래서 주로 인공지능과 데이터센터, 자율주행 기술에 활용됩니다.

도로에서 수집된 많은 정보를 처리해야 하는 자율주행자동차에서는 고성능 GPU가 필요합니다. 차량 내 설치된 센서에서 수집된 이미지를 인공지능이 실시간으로 분석하고 판단해야 하기 때문입니다. 엔비디아 회사 제품이 GPU 기반 인공지능 반도체 시장의 약 80% 점유율을 보이며 많은 기업에서 사용[14]되고 있습니다.

현재는 고성능 GPU보다 더 성능이 좋은 인공지능 신경망 구조

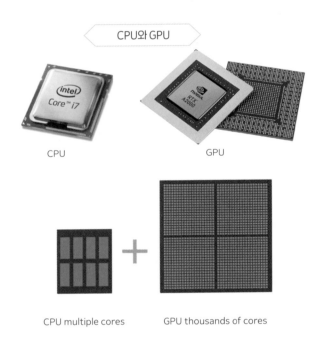

CPU와 GPU

CPU

GPU

CPU multiple cores

GPU thousands of cores

에 맞춘 'AI 가속기'가 나오고 있습니다. 일반적으로 신경망 처리 장치(NPU, Neural Processing Unit)라고 알려져 있습니다. GPU가 CPU보다 인공지능이나 데이터센터에 우수한 성능을 보였지만, 근본적으로 인공지능 연산 처리에 최적화되어 있지 않아서 데이터 처리에 지연이 있습니다. 그리고 작동하는 데 전력이 많이 필요하다는 한계가 있습니다. 그래서 NPU 기반 'AI 반도체'가 차세대 인공지능으로 떠오르고 있습니다.

좀 더 작고 효율적인 전자 제품을 가능하게 하는 단일 칩 체제

SoC, 즉 단일 칩 체제는 반도체 칩들을 하나의 칩에 합쳐 시스템을 통합했습니다.

인 반도체 기술로 시스템온칩(SoC, System on Chip)이 있습니다. SoC는 여러 개의 반도체 칩들을 서로 연결하는 메인보드의 일부 기능과 CPU, GPU, NPU, RAM, ROM, 컨트롤러 등의 반도체 칩들을 하나의 칩에 합쳐 시스템 통합한 것입니다. 전체 시스템의 크기뿐 아니라 전력 소모도 줄어든 고성능이라 디지털 장치에 적용되고 있습니다. 대표적으로 아이폰이나 삼성 갤럭시 휴대전화 같은 모바일 기기에는 이런 SoC가 내장되어 있고 자율주행자동차나 드론 등 인공지능 기반 모빌리티에 사용됩니다.

테슬라 자동차 내부의 자율주행 기능 구현 시스템은 세 가지입니다. 오토파일럿(autopilot), 향상된 오토파일럿(enhanced autopilot), 풀 셀프 드라이빙(full self driving)입니다.

가장 기본인 오토파일럿은 자율주행 레벨 2에 해당합니다. 현재 판매되는 자동차에 크루즈 컨트롤을 수행하는 수준입니다. 기술적으로는 신호등을 인지하고, 정지신호와 제한속도를 파악합니다. 또 회전 로터리 진입과 비보호 좌회전, 도로 진출입 등이 가능한 수준입니다. 하지만 운전자의 주시와 조종이 늘 필요하다는 점에서 레벨 3에는 해당하지 않습니다.

테슬라 자동차 내부에는 자율주행 컴퓨터가 설치되어 있습니다. 아래 사진은 2019년에 출시한 HW3.0(하드웨어 3.0)입니다. 현재는 HW4.0이 장착되어 있고, HW5.0을 개발하고 있습니다.

테슬라가 자체 개발한 차량용 컴퓨터 HW 3.0

테슬라에 들어가는 주요 차량용 반도체는 크게 두 가지입니다. 자율주행용 오토파일럿(AP) 모듈에 사용되는 반도체와 인포테인먼트(infotainment) 역할을 하는 미디어 컨트롤 유닛(MCU, Media Control Unit)에 사용되는 반도체입니다. 인포테인먼트는 정보(information)와 오락(entertainment)을 접목한 것으로 최신 차량에 점차 보편화되고 있는 시스템입니다. 내비게이션, 오디오와 비디오, USB나 핸즈프리 통화처럼 보조 입력 기기와의 연결, 차량 진단 정보 등이 포함됩니다. 미디어 컨드롤 유닛은 자동차 운행과 이용에 필요한 지도 정보 등이 표시되는 터치스크린을 관장하는 유닛입니다.

테슬라 자율주행자동차에 사용된 반도체
테슬라의 자율주행 오토파일럿 모듈에 적용된 반도체들을 살펴보면, 2014년에

테슬라 자동차에 탑재된 내부 자율주행 컴퓨터 변천 과정

모듈(하드웨어)	출시일	플랫폼	주요 반도체 칩(수량)
HWO	2012년	×	×
HW1.0	2014년	모빌아이 EyeQ	모빌아이 EyeQ3(1)
HW2.0	2016년	엔비디아 Drive PX2	엔비디아 Parker SoC(1), 엔비디아 Pascal GPU(1), 인피니온 Tricore MCU(1)
HW2.5	2017년	엔비디아 Drive PX2	엔비디아 Parker SoC(2), 엔비디아 Pascal GPU(1), 인피니온 Tricore MCU(1)
HW3.0	2019년	테슬라	테슬라 SoC(2)

자료 : https://simguani.tistory.com

테슬라 슈퍼컴퓨터 HW2.0

테슬라 슈퍼컴퓨터 HW2.5

테슬라 슈퍼컴퓨터 HW3.0

2017년
8월

2019년
4월

는 HW1.0에 모빌아이의 EyeQ3 칩을 1개 사용했습니다. 2016년에는 HW2.0
에 엔비디아 SoC 1개, GPU 1개, MCU 1개를 사용했습니다. 2017년 HW2.5에
는 엔비디아의 SoC 칩 2개, GPU 칩 1개, MCU 칩 1개 총 4개의 칩을 사용했습
니다. 2019년 HW3.0에는 테슬라가 개발한 SoC 칩 2개를 사용해서 모듈 공간
을 효율적으로 사용할 뿐 아니라 성능도 더 좋은 삼성의 14nm(나노미터) 공정

테슬라 자동차 내부 자율주행 컴퓨터 HW3.0에 설치된 SoC(왼쪽)와
테슬라 HW3.0의 차량용 반도체 내부(오른쪽)

SoC 반도체를 사용했습니다.[15]

오토파일럿 HW3.0에 사용된 칩은 테슬라가 2016년부터 설계해 2019년 초 테슬라 차량용으로 출시한 자율주행 칩입니다. 테슬라는 이 칩이 자율 레벨 4와 5를 목표로 한다고 설명합니다. 삼성의 14nm 공정 기술이 적용된 이 칩은 2.2GHz에서 작동하는 총 12개의 중앙연산처리장치, 1GHz에서 작동하는 Mali G71 MP12 그래픽 처리장치(GPU), 2GHz에서 작동하는 2개의 신경처리장치(NPU)에 대해 3개의 쿼드 코어 Cortex-A72 클러스터를 통합합니다. 여러 기능의 반도체를 통합한 SoC입니다.[16]

2024~2025년에 판매 차량에 부착될 HW4.0에는 7nm 공정이 적용된 반도체 칩을 사용하고, 2025년부터는 삼성전자가 4nm 공정 칩을 테슬라 HW5.0에 공급[17]할 것으로 알려져 있습니다.

정확한 위치 파악과 주행을 위한 정밀지도 제작 기술

　자율주행이 가능해지려면 현재 주행 중인 내 차의 위치를 정확히 측위(positioning)하고, 주변 상황을 파악한 후, 어떻게 주행할지를 판단할 수 있어야 합니다. 위치를 파악하는 데는 기본적으로 항법 위성 4개로부터 수신받은 GPS 정보를 사용합니다. 하지만 GPS 고유의 오차가 발생하기도 하기 때문에 정밀지도를 사용하면 모든 과정에서 도움을 받을 수 있습니다. 테슬라 이외 모든 자율주행자동차 업체에서는 정밀지도를 사용합니다.

　라이다나 카메라가 눈이나 짙은 안개 등의 기상 상황 속에서 정

현대오토에버가 구축한 도로 정밀지도

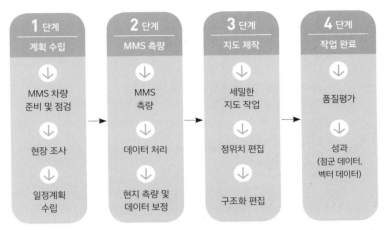

도로 정밀지도 제작 과정

1 단계 계획 수립	2 단계 MMS 측량	3 단계 지도 제작	4 단계 작업 완료
↓ MMS 차량 준비 및 점검	↓ MMS 측량	↓ 세밀한 지도 작업	↓ 품질평가
↓ 현장 조사	↓ 데이터 처리	↓ 정위치 편집	↓ 성과 (점군 데이터, 벡터 데이터)
↓ 일정계획 수립	↓ 현지 측량 및 데이터 보정	↓ 구조화 편집	

자료 : 국토교통부 국토지리정보원

보 감지 기능이 떨어져도 정밀(도로) 지도를 사용하면 위치를 정확히 파악할 수 있어서 차량 운행에 도움이 됩니다. 그리고 차선뿐 아니라 인도의 시설물 현황, 전방의 교차로나 건널목 위치, 우회전 또는 좌회전 차로 진행 등 여러 교통 여건과 차량 주변 상황을 빨리 파악하고 대응할 수 있습니다.

정밀한 도로 지도를 만드는 데는 '이동 지도제작 시스템(MMS, Mobile Mapping System)' 장비가 사용됩니다. 차량에 탑재되는 MMS 장비는 고성능 디지털카메라와 3차원 레이저 시스템(LiDAR), 위성항법장치(GPS), 주행거리 센서(DMI) 등이 결합된 이동형 3차원 공간정보 시스템입니다. 시속 40~100km로 운행하는

이동 지도제작 시스템을 탑재하고 주행 중인 차량

차량에서 360° 전방위 촬영을 할 수 있습니다.[18]

　세세하게 지도를 만든다고 해도 단점이 있습니다. 지도를 만든
후 시간이 지나면 도로 변경이나 새로운 건물이 지어지는 등 변경
이 있을 수 있어 업데이트가 필요합니다. 하지만 지도제작에 정밀
한 레이저 스캐닝과 라이다 등이 필요해 비용과 시간의 문제로 업
데이트가 쉽지 않습니다. 테슬라의 CEO 일론 머스크가 정밀지도
를 사용하지 않고, 카메라를 기반으로 한 자율주행 시스템을 개
발한 이유입니다.

센서 융합 기술

구글 웨이모를 비롯하여 대부분의 자율주행자동차는 카메라와 라이다, 레이더 데이터를 융합하여 사용합니다. 정밀지도(도로지도) 위에 라이다 등의 센서에서 감지한 자료를 대조하며 위치와 경로를 파악합니다. GPS도 오차가 생길 수 있기 때문에 휠(wheel) 센서나 관성측정장치(IMU, Inertial Measurement Unit)로 차량의 주행거리를 계산합니다. 관성측정장치는 GPS 부정확성을 보완하고 자동차가 지금 어느 방향을 향해 있는지 알려주는 장비입니다. 주행거리계, 가속도계, 자이로스코프(gyroscope), 나침반 등 여러 장치가 하나의 모듈로 만들어져 있습니다. 하지만 이것도 정확하지 않을 수 있습니다. 그래서 도로 주변의 건물, 가로등 같은 고정된 시설물의 위치가 표기된 정밀지도와 자율주행자동차의 라이다와

자율주행자동차에 장착된 카메라, 라이다, 레이다

레이다+카메라
+장거리 탐지 라이다

가까운 거리
탐지 라이다+카메라

라이다+카메라

가까운 거리
탐지 라이다

중간 거리 탐지 라이다

카메라들

가까운 거리 탐지
라이다

라이다+카메라

레이다에서 측정한 값이나 카메라로 탐지한 차선 정보를 맞춰보며 정확한 위치를 파악합니다.[19] (111쪽 SLAM 기술 참고)

카메라만 사용하는 유사 라이다 기술

테슬라는 라이다를 사용하지 않습니다. 기술적으로 카메라만으로도 감지가 충분하다는 주장입니다. 테슬라의 CEO 일론 머스크는 정밀지도를 사용하지 않고, 카메라를 기반으로 한 자료로 자율주행 시스템(오토파일럿)을 개발했습니다. 테슬라 퓨어비전 시스템(Pure-Vision System)은 자동차에 장착된 카메라 8대에서 얻은 2차원 이미지의 깊이를 추정해 3차원으로 재구성하는 유사-라이다(Pseudo-LiDAR) 기술을 이용합니다.

여기서 유사-라이다는 라이다는 아니지만 도로 주변 상황을 파악하는 정확도가 라이다와 유사하다는 의미입니다. 결과적으로 라이다에서 수집된 자료처럼 주변을 인식한다는 것입니다. 테슬라 자동차는 '깊이 추정(심도 추정, depth estimation)'이라는 기술을 사용합니다. 유사-라이다로 카메라에서 전달된 2차원 이미지를 3차원으로 인식하고, 물체와의 거리(깊이)를 계산해 가상 입체 공간에 자동차 주변 상황을 배치해 정밀(도로)지도와 같은 결과물을 만듭니다. 그리고 이를 자동차의 위치와 경로 파악에 사용합니다. 테슬라는 이러한 기술로 라이다 없이도 자율주행이 가능하다는 것을 실제로 보여주었습니다.[20, 21]

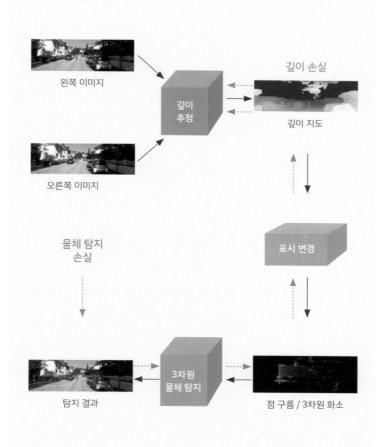

유사-라이다의 깊이 추정 기술

왼쪽 이미지

오른쪽 이미지

깊이 추정

깊이 손실

깊이 지도

물체 탐지 손실

표시 변경

3차원 물체 탐지

탐지 결과

점 구름 / 3차원 화소

테슬라 자동차는 깊이 추정 기술을 사용하는데, 카메라로 탐지한 2차원 거리 이미지를 물체와의 거리(깊이)를 계산해 가상 공간에 자동차 주변 상황을 3차원으로 배치하는 기술입니다. 이 결과물은 라이다를 이용한 정밀(도로)지도와 같아서 유사-라이다라고 합니다.

현재 카메라와 라이다는 자율주행자동차 기술에서 중요한 논쟁거리입니다. 카메라, 레이다, 라이다는 작동 원리의 특성상 각각 장단점이 있습니다. 그래서 자율주행자동차를 개발하는 주체별로 각기 필요한 센서를 장착해 수집한 자료를 활용합니다. 주목할 점은 전 세계적으로 어떤 센서를 주요하게 사용하는지에 따라 카메라만 사용하는 테슬라, 그리고 라이다와 여러 센서를 융합해서 사용하는 그 외 자동차 회사 이렇게 두 진영으로 나뉜다는 점입니다.

테슬라는 카메라와 인공신경망을 사용해 라이다에서 수집된 자료처럼 주변을 인식하고 이미지로 구현하는 기술을 사용하고 있습니다. 테슬라 측은 자율주행에 필요한 외부 환경 정보를 카메라만으로도 충분히 감지·수집해 구현할 수 있다고 주장합니다.

자율주행자동차에 사용되는 카메라, 레이다, 라이다의 장단점

구분	카메라	레이다	라이다
원리	·물체에서 반사된 빛을 광 센서가 잡아 이미지를 픽셀로 인식	·전(자기)파를 발사해 반사해 되돌아온 시간으로 거리 측정	·빛(light)을 발사해 반사해 되돌아온 시간으로 거리 측정
장점	·물체 구분 ·색상 구별 ·라이다 대비 가격 저렴 ·정밀지도 의존을 줄일 수 있음	·장거리 측정 가능 ·날씨 영향 적음 ·물체를 투과해 시각적으로 가려져 있는 물체도 인지 가능	·출력이 낮아 단거리 측정 가능 ·형태 인식, 작은 물체 측정 가능 ·정확한 단색 3차원 이미지 확보 가능 ·정밀지도 작성 가능
단점	·2차원으로 물체와의 정확한 거리 측정이 어려움 ·정밀지도 작성 어려움 ·날씨 영향을 많이 받음 ·흰색에 취약함	·물체 종류 구별 불가 ·작은 물체 식별 어려움 ·정밀지도 작성에 한계가 있음	·눈, 먼지, 안개 등 투과할 수 없어 기상에 민감 ·가격이 높음 ·정밀지도 업데이트 필요

하지만 라이다를 옹호하는 측의 주장은 다릅니다. 카메라 기반 유사 라이다 기술이 발전하고는 있지만, 말 그대로 라이다와 유사할 뿐이라는 것입니다. 레이저 펄스를 쏘아 보낸 후 되돌아오는 레이저 펄스를 감지하고, 짧은 시간에 이러한 작동을 수없이 반복하는 라이다의 역할을 완벽히 대신하는 것이 아니므로 레벨 5의 완전 무인 자율주행을 위해서는 라이다가 필요하다고 주장합니다.

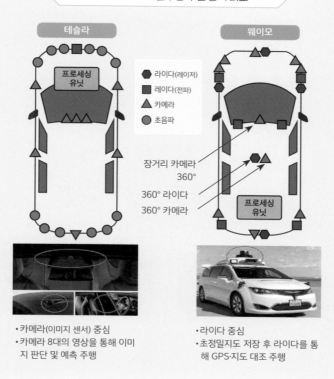

테슬라와 웨이모의 자율주행 구현 방식 비교[22, 23]

테슬라
웨이모

프로세싱 유닛

● 라이다(레이저)
■ 레이다(전파)
▲ 카메라
● 초음파

장거리 카메라 360°
360° 라이다
360° 카메라

프로세싱 유닛

• 카메라(이미지 센서) 중심
• 카메라 8대의 영상을 통해 이미지 판단 및 예측 주행

• 라이다 중심
• 초정밀지도 저장 후 라이다를 통해 GPS·지도 대조 주행

자율주행을 이끄는 인공지능

인공지능(AI, Artificial Intelligence)은 1956년 존 메카시와 마빈 리 민스키 등 인지과학자 십여 명의 인공지능 연구계획서를 제출하면서 시작되었습니다. 과학자들은 "목표를 향해 논리적으로 접근하고 더 나은 방법을 찾을 수 있는 지능 시스템 연구가 필요하고 국가가 적극 지원해야 한다"라고 미국 정부에 제안했습니다. 이때 처음 인공지능(AI)이라는 용어가 등장합니다.[24] 이후 다양한 분야에서 인공지능 기술이 발전하고 있습니다.

뇌과학자 정재승 교수(2018)의 설명에 따르면 "인간의 시각 시스템이 자료를 어떻게 처리하는가를 바탕으로 신경망을 만들고 모사해서 구현"한 것입니다. '사람 뇌 속의 뉴런이라는 신경세포에서

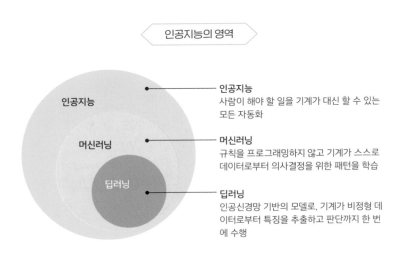

인공지능의 영역

인공지능
사람이 해야 할 일을 기계가 대신 할 수 있는 모든 자동화

머신러닝
규칙을 프로그래밍하지 않고 기계가 스스로 데이터로부터 의사결정을 위한 패턴을 학습

딥러닝
인공신경망 기반의 모델로, 기계가 비정형 데이터로부터 특징을 추출하고 판단까지 한 번에 수행

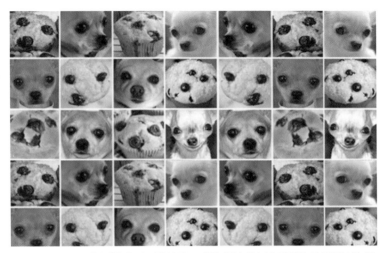

기존의 컴퓨터는 초코칩이나 건포도 박힌 머핀과 치와와를 구분하는 게 어렵다고 합니다.

다른 뉴런으로 정보가 전달되는 정보처리 과정을 컴퓨터에 적용하면 어떨까?' 하는 아이디어에서 시작되었습니다.

인간의 생물학적인 신경망을 모방한 것을 인공신경망(ANN, Artificial Neural Network)이라고 합니다. 기존의 컴퓨터는 사전에 입력된 알고리즘(수학적으로 완결된 논리 구조)을 바탕으로 프로그램을 작성하기 때문에 사람이 시키는 일, 즉 수학적인 일 외에는 처리하지 못합니다.[25] 예를 들면 건포도나 초코칩이 박힌 머핀 빵과 치와와 개를 구분하는 일 등은 어렵습니다. 하지만 인공지능이 이 문제를 푸는 방식은 일반 컴퓨터와 다릅니다. 입력 데이터와 결괏값을 넣고 규칙을 찾아내는 방식입니다. 그다음에는 찾아낸

MACHINE LEARNING

데이터 마이닝 　알고리즘　 분류　 학습　 신경망 연결　 심화학습　 인공지능　 자율주행

규칙을 새로운 자료에 적용해 추론 결과를 얻는 것입니다. 그래서 인공지능이 기능을 발휘하려면 학습이 필요합니다. 컴퓨터가 스스로 많은 데이터를 분석해서 예측하는 기술을 '기계학습' 혹은 '머신러닝(machine learning)'이라고 합니다. 미리 프로그램된 것이 아니라 자료(데이터)를 제공하면 스스로 학습해서 의사결정을 위한 패턴을 찾아 발전해 가는 과정입니다.

최근의 인공지능은 단순한 규칙을 자동화하는 수준이 아니라, 대부분 좁은 의미인 심화학습, 딥러닝(deep learning)을 일컫습니다. 전통적인 머신러닝은 데이터베이스나 엑셀로 정리된 표처럼 정형화된 자료를 다룹니다. 의사결정에 필요한 규칙과 데이터를 사람이 정리해서 기계에 입력하면, 기계는 이 자료를 토대로 판단이나 예측합니다. 반면 딥러닝은 인공신경망 기반의 모델로 이미지, 유튜브 같은 비디오, 텍스트 문장이나 문서, 음성 데이터 등

140 　　　　　　　　궁금해! 상상을 현실로 만드는 모빌리티 수업

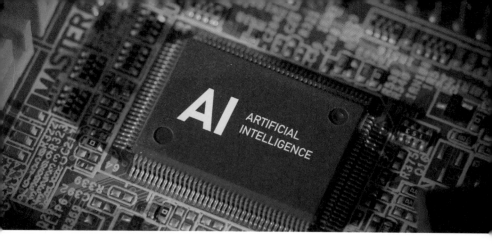

비정형 데이터를 주로 다룹니다.[26]

자율주행자동차가 주변 상황을 정확히 파악하기 위해서는 카메라나 라이다 등을 통해 수집된 이미지 자료를 실시간으로 분석해서 판단하고 제어할 수 있어야 합니다. 최근에는 새로운 인공지능 훈련 방식이 도입되고 있습니다. 카메라나 라이다로 도로 상황 자료를 수집(입력)해 브레이크를 밟거나 운전대를 돌리는 것(결과)과 같은 결정에서 인공지능은 규칙을 학습하는 방식입니다. 이처럼 입력에서 출력으로 바로 가는 것을 종-단간 학습(end-to-end learning)이라 합니다.

정밀지도를 사용하지 않는 테슬라 자동차는 자사 자동차에 부착된 카메라에서 수집한 자료와 운전자의 운전 습관 등을 취합하여 종-단간 학습을 합니다. 다른 회사에서는 실제 차량을 이용하지 않고 시뮬레이션으로 학습하고 있습니다.[27]

테슬라 자율주행 시스템은 크게 추론 플랫폼과 학습 플랫폼 두 가지로 분류됩니다. 우선 추론 플랫폼(예: 오토파일럿, full self driving)은 차량 내에서 자체적으로 실시간 처리하는 시스템입니다. 120만 화소로 360° 촬영이 가능한 8대의 카메라에서 얻은 초당 36프레임의 이미지 자료를 통해 실시간으로 추론합니다. 여기서 추론이란 인공지능이 학습(training)을 통해 만든 모델(또는 규칙)을 새로운 입력 데이터에 적용해 결과를 내는 것을 의미합니다. 그리고 학습은 축적된 많은 데이터를 바탕으로 운행 모델을 만들어가는 과정을 말합니다.[28]

학습 플랫폼은 오프라인이지만 자체 데이터센터와 슈퍼컴퓨터를 기반으로 막대한 데이터를 보관하고 학습한 뒤 온라인으로 추론 플랫폼에 업데이트를 지원합니다. 예를 들면 슈퍼컴퓨터 도조(Dojo)입니다.[29] 자율주행자동차 인공지능은

테슬라가 AI day에 발표한 카메라 영상 라벨링 작업

카메라로 찍은 영상을 보여주는 것만으로는 똑똑해지지 않습니다. 그래서 학습이 필요합니다. 인공지능 딥러닝은 입력(도로 및 교통 조건)과 결과(운전자 행동)를 넣어주고 규칙을 찾는 방식입니다.

이를 위해서 수집된 자료에 이건 뭐고 저건 무엇인지를 구별해 주는 라벨링 작업을 합니다. 전 세계 운행 중인 테슬라 100만 대 이상에서 자료를 수집하고, 사람 1,000명이 수작업으로 라벨링을 하고 이렇게 질 높은 자료를 모아 인공지능을 학습시켰습니다. 앞으로는 인공지능이 자동으로 수행하는 것을 계획하고 있습니다.[30] 2023년 8월 발표 자료에 의하면 완전 자율주행 FSD 12 버전은 입력된 자료를 학습해 규칙을 만드는 단계는 완료 수준이고, 이제는 별도의 코딩이 아니라 상황에 맞는 규칙을 찾아내는 수준의 프로그래밍을 하게 될 것이라고 합니다.

테슬라 자율주행차의 인공지능은 프로그램 엔지니어가 도로에서의 모든 조건이나 상황을 입력할 수 없으므로 자동차의 인공지능이 입력된 자료를 통해 스스로 판단하도록 하는 것입니다. 테슬라의 최신 FSD 12는 인공지능이 자료를 학습하고 스스로 판단하도록 했기 때문에 소프트웨어 2.0이라고 부릅니다.

전기차와 수소차만 탄다면
미세먼지 배출도 줄어들까?

 화석연료를 사용하는 내연기관은 온실가스인 이산화탄소 배출량이 많으니 기후 위기에 대응하기 위해서는 어서 전기자동차를 확대 도입해야겠어요.

친환경 이동 수단으로 손꼽는 전기자동차와 수소차가 오히려 미세먼지 배출량이 많다는 자료가 있어. 왜 그럴까?

실제로 경유나 휘발유를 태우는 내연기관 자동차보다 전기자동차의 미세먼지 배출량이 많아! 여기서 미세먼지는 대기 중에 떠다니는 아주 작은 크기의 물질을 말하는데 지름이 2.5㎛(마이크로미터) 이하인 물질은 초미세먼지(PM2.5), 이보다 지름이 크지만 10㎛ 이하인 물질은 미세먼지(PM10)로 구분해. 참고로 1㎛는 100만분의 1m란다. 둘 다 너무 작아서 그냥 미세먼지라고 말해. 초미세먼지 PM2.5는 기관지와 폐는 물론이고 혈관을 따라 뇌에도 들어가서 각종 질병을 발생시키기도 해.

연소성 미세먼지는 연료를 태우고 나면 배기가스로 나오는 미세먼지를 말해. 영국 통계청에서 발표한 1970~2021년 미세먼지(PM10)와 초미세먼지(PM2.5) 발생량을 보면, 2021년 도로·교통 분야는 미세먼지의 12%, 초미세먼지의 13%를 발생시키고 있어. 도로·교통 분야 내에서는 타이어에서 미세먼지의 52%가 발생하고.

차량의 타이어가 마모되면서 나오거나 브레이크 패드가 마모되면서도 비연소성 미세먼지가 생겨.[31] 최근 유럽 주요 국가에서는 연소성 미세먼지보다 비연소성 미세먼지 양이 훨씬 많아지고 있어. 디젤 엔진 자동차에 매연저감장치 DPF(Diesel Particulate Filter)를 부착해서 연소성 미세먼지 배출량이 줄어들긴 했지만, 대신에 SUV 같은 큰 차량이 늘어났기 때문이야. 차량이 크면 무게도 더 무거워져 도로 위를 달리면서 타이어나 브레이크 마모가 더 많이 되면서 미세먼지 배출량도 늘어난 거지.[32, 33, 34] 국내에서 판매 중인 전기자동차 대부분은 2t 이상의 무게가 나가는데, 배터리 무게와 수소연료전지 무게 때문에 내연기관 자동차들보다 무거워서 미세먼지 배출량이 많아.[35] 친환경이라고만 믿었는데 아직은 개발해야 할 기술이 더 남았어. 내연기관 자동차만큼 가벼워져야 하고 그러려면 배터리나 수소연료전지 기술이 안전성과 효율성을 갖추어야 해.

결국 현재로서는 온실가스와 미세먼지를 종합한 친환경 해법 방향은 전기자동차는 짧은 거리나 대중교통 정류장까지 이동하는 교통수단으로 이용하고, 대중교통을 주로 이용하는 게 더 나은 방법이야. 그리고 차량 중량과 연동된 새로운 환경정책도 필요하고.

제 **5** 장

미래 모빌리티로
만들어가는 세상

모빌리티 혁명과 패러다임 전환의 시대

미래 모빌리티는 정말
우리 생활을 바꿀 수
있을까??
막 드라마틱하게?

그럼!!
당연하지!

친환경은
기본이고!

자율주행차에서는
운전 대신 자유롭게
시간을 보낼 수도 있고!

완전 자율주행이 실현되면 우리 생활에는 어떤 변화가 생길까?

미래 모빌리티는 도시에 어떤 변화를 가져올까?

새로운 변화와 새로운 세상을 향해 어떤 도전이 남았을까?

완전 자율주행 실현과 이동의 혁명

완전 자율주행자동차가 실현되어 대중화된다면 어떤 변화들이 생길까요? 자동차를 꼭 사야 할까요? 아마도 차를 이용하는 습관에도 변화가 생길 겁니다. 지금부터는 구체적으로 우리 일상에 어떤 변화들이 일어날지 상상해 보겠습니다.

자율주행은 말 그대로 자동차 스스로 운행할 수 있다는 의미입니다. 그러면 운전자의 운전 부담이 없어집니다. 면허가 없는 사람이나 운전에 미숙한 사람들도 차를 이용할 수 있습니다. 자율주행자동차의 가동률을 최대로 높여 운행할 수도 있습니다. 무슨 말인가 하면, 출근길에 직장이나 가까운 도시철도 역까지만 타고 갔다가 다른 가족이 이용할 수 있도록 차를 집으로 돌려보내는 겁니다. 운전자 없이도 집으로 돌아온 자동차를 다른 가족이 필요에 따라 사용할 수 있으니 한 대만으로도 여러 대의 효과를 볼 수 있습니다.

대중교통 부문에서는 장거리 이동을 위한 고속버스나 철도 이용객이 줄어들 것 같습니다. KTX 고속열차로 서울역에서 대전역까지 한 시간 만에 갈 수 있지만, 서울역이나 대전역까지의 거리가 집이나 출발지에서 먼 경우에는 다른 교통수단을 이용해야 하는 불편이 있습니다. 게다가 열차 출발시간을 맞추지 않으면 환승 시간이 길어지기도 합니다. 하지만 완전 자율주행자동차는 목적지까지 문전(door-to-door) 서비스가 가능해 환승 대기 시간이 없습니다. 훨씬 빠르고 편리해지는 겁니다. 장거리를 이동해도 자율주행이라서 운전으로 인한 피로감도 적습니다. 버스나 열차의 운임 대신 자율주행자동차 운행을 위한 전기료와 고속도로 통행료 정도만 부담하면 되니 경제적인 이득도 있습니다.

여기에 더해 자율주행자동차와 공유 자동차가 결합하면 어떨까요? 개인 소유 자동차처럼 이용이 편리해져 다른 교통수단에 미치는 영향력이 크지 않을까요? 현재는 공유 자동차를 이용하려면 차가 있는 지정 장소까지 이용자가 직접 가야 합니다. 그러나 '자율주행자동차 + 공유 자동차'는 내가 있는 장소로 차를 호출할 수 있습니다. 대중교통 이용할 때처럼 모르는 여러 사람과 함께 이동하지도 않아도 됩니다. 이동 시 나만의 사적인 공간을 갖는 특권을 누릴 수 있습니다. 직접 운전을 하지 않아도 되니 운전석에 앉아서 독서나 영화 감상도 가능해질 겁니다.

자율주행자동차는 대중교통 접근성을 높이고 최종 목적지까지

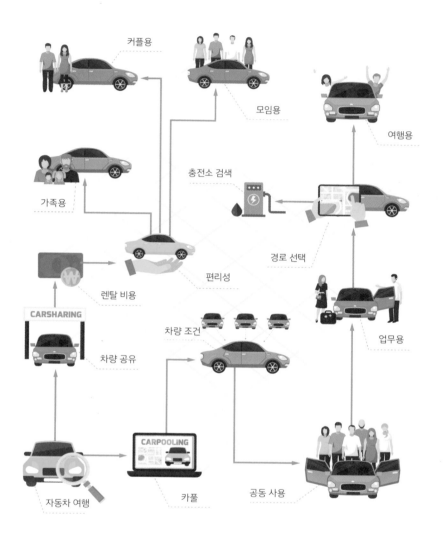

커플용

모임용

여행용

가족용

충전소 검색

렌탈 비용

편리성

경로 선택

CARSHARING

차량 조건

업무용

차량 공유

자동차 여행

CARPOOLING

카풀

공동 사용

자율주행자동차와 공유 자동차가 결합하면 차를 이용하는 습관에도 변화가 생길 것입니다.

완전 자율주행자동차가 실현되면 차를 타고 가며 책을 읽을 수도 있습니다.

의 라스트 마일(최종 구간)을 줄일 수 있습니다. 자율주행자동차가 목적지까지 직접 갈 수도 있지만, 앞에서 말한 것처럼 가족이 공동으로 사용한다면 가까운 대중교통 정거장이나 환승센터 등 거점시설까지만 다녀오는 운행 습관이 늘어날 겁니다.

그 밖에도 자율주행으로 직접 운전하는 시간이 줄어든 대신 개인 시간이 늘어나는 효과도 있습니다. IBM 보고서에 따르면 도시 운전자는 하루 최대 31.2분을 주차장을 찾는 데 쓴다[1]고 합니다. 2022년도 국토교통부가 조사한 대도시권 광역교통량에 따르면 우리나라 직장인들의 출퇴근 시간이 평균 116분이라고 합니다.[2]

궁금해! 상상을 현실로 만드는 모빌리티 수업

도로 위에서 보내는 시간이 줄어들면 피로도 줄고 버려지는 시간도 줄어듭니다.

도시의 변화, 교외 확장 vs. 고밀 개발

인류는 현대 도시 형성 과정에서 자동차가 큰 역할을 한 경험이 있습니다. 헨리 포드가 컨베이어 벨트 방식으로 1908년 모델T를 대량 생산하면서 먼 거리도 다닐 수 있는 '이동의 자유'가 생기자 사람들은 환경이 좋지 않은 도시를 떠나 교외로 이동하기 시작했습니다. 도로를 따라 도시가 확장되었습니다. 자율주행자동차가 대중화된다면 과거 내연기관 자동차가 그랬던 것처럼 미래 도시 공간에도 큰 변화가 생길 것이라 예상할 수 있습니다.

자율주행자동차 활성화로 변화를 겪게 될 미래 도시를 예측하는 학자들은 크게 '교외 확장' 대 '고밀 개발' 두 가지 견해로 나뉩니다. 교외 확장은 1900년대 초 자동차 대량 생산 이후 도시가 외연적으로 확대된 것처럼 자율주행자동차 보급으로 인해 도시가 확장된다는 견해입니다. 이 주장의 근거는 자율주행자동차의 이용으로 운전 부담이 없어져 지금보다 먼 거리까지 통근·통학권이 형성될 수 있다는 것입니다. 또 다른 예측인 고밀 개발은 자율주행자동차가 도시의 고밀화를 장려하는 기회가 될 거라는 겁니다. 이 주장의 근거는 자율주행기술과 첨단 운영기법, 정밀 교통신호 운영 기술 등의 발달로 도로 위 차들의 운행이 원활해져 다닐 수 있는 차량이 늘어날 수 있다는 것입니다. 여기에 '자율주행자동차 + 공유 자동차' 결합이라는 새로운 시스템이 대중교통처럼 사람들의 이동을 담당해 고밀 도시가 가능하다는 것입니다.

현시점에서는 어느 쪽의 예측이 맞을지에 주목할 것이 아니라 두 시나리오 모두를 대비하는 것이 필요합니다. 자율주행자동차가 활성화되면 '도시가 외곽지역으로 확장될 것이다', '아니다 고밀화될 것이다'라는 이분법적 구분보다는 도시의 여건에 따라서 어떤 지역은 확장의 형태로, 어떤 지역은 고밀화의 형태로 나타나게 될 것을 준비해야 합니다. 도시는 효율성이나 경제적 기회가 많아지는 방향으로 확대될 것이기 때문입니다.

자율주행자동차 외에도 최근 등장하고 있는 드론처럼 도심항공교통(UAM)이 활성화되면 도시 구조는 어떻게 변할까요? 우리나라도 드론 택시가 2025년 상용화를 목표로 개발[3, 4]되고 있습니다. 머지않아 도시 내 건물 옥상에 비행체 수직이착륙장인 버티포트(Verti-port)가 만들어질 겁니다. 그리고 터미널처럼 여러 대의 도심항공교통이 이용할 수 있는 환승센터도 설치될 겁니다. 이를 버티허브(Verti-hub)라고 합니다. 서울처럼 도로가 혼잡하면서 사람들이 많이 모여 사는 메가시티의 도심이나 공항 등이 도심항공교통 승하차 시설 입지로 유력합니다.

우버가 2019년 공개한 도심항공교통 수직이착륙장 디자인 조감도

자동차 산업의 샛별, IT기업과 플랫폼 기업

자율주행자동차 관련해서 잘 알려진 기업은 이른바 빅테크 기업들입니다. 구글, 애플, 우버, 바이두 같은 IT 및 플랫폼 기업들이 있습니다. 자동차 제작사로는 테슬라, GM, 포드, 현대기아자동차 등이 있습니다. 그리고 엔비디아와 LG전자 등의 부품 제작사들도 있습니다. 모두 자율주행자동차 개발에 치열한 경쟁을 벌이며 기업 간 협업도 강화하고 있습니다. 전기자동차, 자율주행자동차를 계기로 기존의 시장 질서가 무너지고 새로운 산업구조로 변모하고 있기 때문입니다. 자율주행자동차와 관련된 기술을 확보하지 못하면 기업의 미래가 위협받는 시기라고 해도 과언이 아닙니다.

앞서 열거한 회사들을 보면 자율주행자동차 개발과 관련하여 전통적인 완성차 제작사보다는 IT와 플랫폼 기업들이 상위권을 형성하고 있습니다. 이미 산업구조에 변화가 일어났다고 할 수 있습니다. 이는 자율주행자동차가 과거 복잡한 제품과 기술이 필요한 내연기관이 아니라 전기자동차 플랫폼을 사용하므로 IT기업과 플랫폼 기업들의 진입 장벽이 상대적으로 낮아졌기 때문입니다.

자율주행자동차는 기존의 하드웨어 영역을 넘어 데이터와 소프트웨어가 매우 중요한 부문입니다. 미래 자동차는 이제 이동을 위한 교통수단의 개념에서 확장되어 첨단 기술들이 집합된 모바일 기기라고 할 수 있습니다. 글로벌 시장조사 전문기관 가이드하우스 인사이트(Guidehouse INSIGHT)의 자율주행 기업 순위를 참

순위	2019년	2020년	2021년	2023년
1	웨이모	웨이모(구글)	웨이모(구글)	모빌아이(인텔)
2	크루즈	포드	엔비디아	웨이모(구글)
3	포드	크루즈(GM)	아르고AI (포드·폭스바겐)	바이두
4	앱티브	바이두	바이두	크루즈(GM)
5	모빌아이	모빌아이(인텔)	크루즈(GM)	모셔널 (현대차그룹 및 앱티브 합작 법인)
6	폭스바겐	앱티브 (현대차그룹)	모셔널 (현대차그룹 및 앱티브 합작 법인)	엔비디아
7	다임러-보쉬	폭스바겐	모빌아이(인텔)	오로라
8	바이두	얀덱스	오로라	위라이드
9	토요타	죽스	죽스(아마존)	죽스(아마존)
10	르노-닛산 미쓰비시	다임러-보쉬	뉴로	개틱

자료 : Guidehouse INSIGHT

고하면 2023년 1위는 인텔 모빌아이, 2위는 구글 웨이모, 3위는 바이두, 4위는 GM 크루즈, 5위는 현대차그룹과 미국 자율주행 스타트업 앱티브의 합작사인 모셔널(본사 미국)입니다.[5]

자동차 제작사들도 공유 자동차 시장 진출을 준비하고 있습니다. 주행거리가 짧아지면 보유 기간이 늘어나기 때문에 신차 교체 주기도 길어집니다. 이 때문에 자동차 회사는 위기의식을 가지고 있습니다. 그래서 완성차 업계가 새로이 관심을 두는 부문이 바로

전기자동차의 정보기술 가상 인터페이스

공유 자동차 시장입니다. 미국 시장 전문기관인 RL폴크가 2013년 미국 내 자동차 보유 기간을 조사한 결과 평균 11.4년[6]으로 과거보다 길어지고 있었습니다. 반면에 자동차 한 대당 평균 주행거리는 짧아지고 있습니다. 예를 들면 어떤 집에 자동차가 한 대 있을 때는 한 대로 1년에 1만 km를 주행했는데, 두 대를 소유하게 되자 한 대당 6,000km씩 주행하는 겁니다. 이런 상황에서 공유 자동차를 운영하면 주행거리가 늘어나 신차 수요가 계속 발생하고, 공장을 멈추지 않고 가동할 수 있다는 계산이 나옵니다.

 그 외에도 공유 자동차는 개인, 정부, 자동차 제작사 모두 만족

할 수 있는 서비스입니다. 개인은 자동차를 보유하지 않아도 되고, 정부는 주차장 등 기반 시설 공급 부담이 줄고, 자동차 제작사는 공장 가동을 계속할 수 있습니다. 각자의 이익을 만족시키는 구조입니다.

모빌리티 혁명과 에너지 전환

모빌리티 혁명으로 전기자동차가 급부상하면서 에너지 전환도 함께 큰 관심을 받고 있습니다. 우리가 사용하는 기기와 공장의 기계와 자동차, 정보 시스템 등을 움직이는 에너지를 화석연료가 아닌 전기에너지로 대체하는 것을 의미합니다.

전기차 보급이 늘어 더 많은 전기에너지를 사용한다면 산업구조에 어떤 변화가 생길까요? 전기에너지를 사용하는 전기자동차는 핵심 전력 설비는 인버터(직류→교류), 컨버터(교류→직류), 모터, 배터리입니다. 예를 들면 GM의 전기차 볼트(Bolt)에는 LG전자의 모터와 인버터, 전동 컴프레서, 배터리가 들어갑니다. 볼트 차 생산 비용의 56%가 LG전자 제품에서 발생합니다. 이처럼 석유에서 전기로 최종 에너지가 바뀌면 전력 설비 회사의 사업 영역이 확장됩니다.

모빌리티와 관련해 에너지 사업은 영역 파괴가 진행될 것입니다. 아우디폭스바겐 그룹이 전기자동차 운행에 사용 후 남는 배터리의 전력을 가정이나 공장에 공급하는 사업인 V2G(Vehicle to

Grid) 참여를 선언했습니다. 전력 공급이 여유로운 시간에 배터리를 충전하고 전기가 부족한 시간에 충전된 전기를 되파는 사업입니다. 우리나라 현대차는 수소로 만든 전기를 되파는 수소에너지 회사를 꿈꾸고 있습니다.

한편에서는 정유회사가 전기자동차 제작에 뛰어들고 있기도 합니다. 일본에서 두 번째로 큰 정유기업인 이데미츠 코산은 주유소에서 전기차를 파는 서비스를 하는 시대를 열겠다고 합니다. 또 세계 최대 석유기업인 사우디 아람코는 수소에너지를 주목하고 있습니다. 기존에는 석유 에너지 하나에 의존했는데 이제는 종합 에너지 기업이 되겠다는 의도입니다.[7]

이처럼 미래 모빌리티의 변화는 기존의 에너지 산업구조에 큰 변화를 가져올 것입니다.

산업구조와 미래 직업의 변화

한 시대의 인기 직업은 인기 학과와 직결됩니다. 그리고 그 변화는 사회·경제적 맥락과 함께합니다. 우리나라 1960년대 서울대학교 최고의 인기 학과는 화학공학과 섬유공학과였습니다. 당시 정부는 노동집약적인 섬유산업과 식량 자급을 위한 비료 산업 등 경공업을 집중하여 육성했습니다. 1970년대는 화학공학과와 함께 기계공학과 건축공학과의 점수가 높았습니다. 정부가 중화학 공업을 육성하고 중동 건설 붐 등 각종 개발사업이 진행되던 시기였

미래 모빌리티 산업의 경쟁력은 전기·전자 엔지니어와 소프트웨어 전문 인력의 확보에 달렸습니다.

습니다. 1980년대는 삼성그룹이 반도체에 본격 투자하면서 전자공학과 물리학과가 최고 인기 학과였으며, 1990년대는 전 세계적인 IT 열기와 함께 컴퓨터공학과가, 2000년대 들어서는 의과대학이 최고 인기 학과입니다.

이런 변화는 빠르게 성장하고 있는 IT, 바이오산업, 전기차 산업 등 신산업 분야의 전문 인력 부족으로 이어지고 있습니다. 전기자동차, 자율주행자동차는 내연기관 자동차와는 다른 새로운 시스템입니다. 친환경 전기자동차와 자율주행자동차 등 새로운

과학기술정보통신부의 인공지능 반도체 산업 성장 지원대책 주요 내용	
초격차 기술력 확보	**초기시장 수요 창출**
• 5년간 1조 200억 원 투자 • NPU·PIM·신소재 기반 소자 개발 • 초거대 인공신경망 시스템(HW+SW) 개발 • 미국과 첨단 기술 공동연구 추진	• 데이터센터(AI 반도체의 대표적 대규모 수요처)를 국산 AI 반도체 기반으로 구축 • AI 고도화(Plus), 국산 칩 성능 검증하는 AI + Chip 프로젝트 추진 • 국가 ICT 연구·개발 사업 전반에 국산 AI 반도체 전면 적용
산학연 협력 생태계 조성	**전문 인력 양성**
• 대기업(삼성, SK하이닉스)과 산학연 협력 강화 • 원천기술 보유 대학·연구소 → 중소 팹리스 기업으로 AI 반도체 기술 이전 및 칩 개발 → 상용화 연구·개발 지원 • 설계 툴·창업기업 지원	• 5년간 7,000명 이상 • 대학·연구소 보유 반도체 생산장비(Fab) 고도화 및 실무 교육 • AI 반도체 대학원 신설 • AI 반도체 연합전공 개설 (서울대·성균관대·숭실대 등 총 1,530명)

교통수단이 가져올 산업구조의 변화는 직업에도 큰 영향을 줄 것입니다.

최근 우리나라 정부에서는 인재 양성을 위해서 "미래 자동차 전문 인재를 2030년까지 3만 명 이상 양성한다"라고 밝혔습니다.[8] "반도체의 미래라고 불리는 AI 반도체 첨단 기술 연구에 향후 5년 간 1조 200억 원을 투입하고 전문 인력을 7,000명 이상 양성"하기로 했습니다.[9] 신산업 분야의 전문 인력이 부족해서입니다.

내연기관 자동차와 전기자동차의 가장 큰 특징은 동력 장치입니다. 내연기관 자동차의 엔진·변속기·클러치 구성이 전기자동차에서는 배터리와 모터로 변경되는 것입니다. 그리고 각종 센서에서 수집되는 빅데이터 처리 인공지능 기술, 자율주행 차량 운영, 보안시스템 등 소프트웨어가 핵심 기술입니다. 전기자동차나 자율주행자동차뿐 아니라 공유 자동차, 드론, 통합연계 시스템(MaaS) 등 새로운 모빌리티 시스템들은 모두 소프트웨어가 중요합니다.

우리나라 한국자동차연구원(2019)의 〈미래차 산업 전환이 고용에 미치는 영향〉에 따르면 내연기관 부품기업은 2030년까지 약 500개가 줄어들고, 전기·전장 업체와 수소차 부품 업체는 각각 350개와 400개가 늘어날 것입니다.[10] 내연기관 부품 중심에서 전기차의 배터리와 모터, 자율주행의 핵심 부품인 반도체, 센서와 카메라, 클러스터 등 전기·전자 부품 중심으로 확장되는 구조로 변하는 것입니다.

따라서 미래 모빌리티 산업의 경쟁력은 전기·전자 엔지니어와 소프트웨어 전문 인력의 확보에 달렸습니다. 하지만 우리나라는 2028년까지 미래차 기술 인력이 약 4만 명 부족합니다. 감사원이 기획재정부, 고용노동부, 과학기술정보통신부 등을 감사하여 발표한 〈인구구조변화 대응 실태V: 생산인력 확충 분야〉(2022)에서는 "인공지능 등 모든 신산업 분야 대학 학과에서 배출하는 졸업생이 오는 2030년경이 되면 시장에서 필요한 인력 수에 못 미칠 것"이라는 분석 결과를 발표[11]했습니다.

내연기관 자동차가 줄어들면서 새로운 분야의 사업이 만들어지고, 그에 따라 새로운 직업이 탄생할 것입니다. 따라서 미래 진로를 꿈꿀 때 전기차와 수소차, 드론과 개인 이동장치 등을 개발하는 과학자와 공학자를 꿈꿀 수도 있고, 미래 모빌리티의 다양한 사업 부문에서 새롭게 등장하는 직업을 찾아볼 수도 있습니다.

신기술과 정부의 역할

신기술은 사회 문제 해결, 삶의 질 향상, 미래 먹거리와 새로운 성장 동력을 창출하는 데 기여할 수 있는 중요한 요소입니다. 하지만 신기술이 완성되어 활용되는 과정에는 다양한 장벽이 존재합니다. 민간의 기술개발 노력과 정부 지원이 상호 협력하면 이 문제를 좀 더 효과적으로 극복할 수 있습니다.

신기술에 대한 정부의 역할은 기업의 혁신을 촉진하고 지원하면서도 국민의 안전과 기업 간의 공정한 경쟁 환경(기술 독점 방지 등)을 유지하는 것입니다. 자율주행자동차의 교통사고 발생 뉴스를 보면 국민의 안전 문제를 민간 기업에만 맡길 것이 아니라 정부의 역할이 필요하다는 생각을 갖게 됩니다. 기업이 창의성을 잃지 않도록 규제와 혁신의 자유 사이에서 적절한 균형을 찾는 것이 중요합니다. 또한 R&D 예산과 인재 양성을 지원하는 것이 국가의 중요한 역할입니다.

산업통상자원부	국토교통부
• 핵심 역할 　차량부품, 융합 플랫폼, 표준 • 협력 사항 　표준 SW 플랫폼 　차량 및 부품 레벨 검증 　개발 결과물 표준 지정 　실차 및 부품 기술 제공	• 핵심 역할 　정밀 지도, 법 제도, 실증 인프라 • 협력 사항 　정밀 지도, 측위 기술 제공 　주행 가이드라인 　차량·부품 실증 인프라 제공 　안전·보험·서비스 제도 개선 　통신·교통 시스템 적용
과학기술정보통신부	**경찰청**
• 핵심 역할 　통신, 보안, 인공지능, 클라우드 • 협력 사항 　주파수, 네트워크 기술 제공 　서버, SW 솔루션 제공 　신호 플랫폼 빅데이터 제공 　인공지능·ICT 요소 기술 제공	• 핵심 역할 　교통신호 정보, 시설물 • 협력 사항 　교통안전시설물 DB 제공 　신호체계정보 제공 　면허 및 정보 제공 시스템 개선

자료 : 박종록(2023.12.5), 〈국가전략기술 기술주권 브리프: 자율주행시스템〉, 한국과학기술기획평가원 KISTEP 브리프 104, p.17.

　우리나라는 산업통상자원부, 국토교통부 및 경찰청, 과학기술부가 범부처 통합사업단을 운영하여 법·제도적 지원, 기술개발, 인프라 구축 및 실증 등을 중심으로 협업하고 있습니다. 자율주행자동차 기술 주권을 위해서 부처별 역할에 맞게 산업통상자원부는 차량부품, 융합플랫폼, 표준 등에 집중합니다. 국토교통부와 경찰청은 법제도 정비와 실증 인프라(교통신호체계 포함)에 집중합니다. 과학기술정보통신부는 통신 중심의 인프라 소프트웨어 기술, 주파수 분배 등에 집중하고 있습니다.

패러다임 전환의 시대

역사적으로 패러다임 전환은 사회가 직면한 문제점을 극복하면서 진행되었습니다. 1970년대에는 중동지역 아랍 산유국의 무기화 정책으로 석유 가격이 오르면서 세계 경제가 혼란과 어려움을 겪었습니다. 하지만 오일 쇼크를 계기로 자동차 회사들은 성능 개선을 연구하면서 연비 경쟁의 시대를 열었습니다.

1990년부터 강화된 유럽의 환경규제를 극복하기 위해 전기자동차가 연구되었고, 2012년에는 내연기관 자동차의 성능을 뛰어넘는 테슬라 모델S가 출시되었습니다. 2004년 미국 모하비 사막에서 개최된 다르파 경진대회에서는 자율주행으로 완주한 팀이 하나도 없었지만, 이 실패를 계기로 자율주행자동차 개발이 본격적으로 시작될 수 있었습니다.

2008~2009년의 금융위기로 실직자가 많아졌지만, 경제적으로 어려운 시기를 겪으면서 남는 자원을 공유하는 공유경제가 활성화되었습니다. 우버의 승차 공유 서비스를 시작으로 사람들의 이동 방식에 변화가 생겼습니다. 2015년의 폭스바겐 디젤게이트 사건으로 내연기관 연비 개선의 한계를 인정하고 전기자동차로 방향을 전환했습니다.[12, 13, 14]

현재의 패러다임으로는 설명이 안 되는 부분이 있나요? 그렇다면 변화가 필요한 시점입니다. '화석연료를 사용하는 고연비 자동차를 이용하던 패러다임은 온실가스와 기후 위기 문제에 대응할 수 있는가?'라는 질문에 답을 찾아야 합니다. 화석에너지 대신 전기를 사용하는 모빌리티가 그 새로운 패러다임이라고 생각합니다.

기존 문제를 개선하는 새로운 방법이나 대안이 나오더라도 사회에 모두 다 수용되는 것은 아닙니다. '혁신 저항'[15, 16, 17, 18]이라 불리는 반대 또는 거부가 있기 마련입니다. 사람들의 반대 이유는 혁신 자체에 있기보다는 안정적인 삶의 방식을 바꿔야 한다는 저항감에서 나옵니다. 자율주행자동차 등 새로운 교통수단은 기존의 운수업과 자동차 부품 제작, 정비 등과 관련된 직업이나 산업 구조에 변화를 가져옵니다. 사라지는 산업과 직군도 있습니다. 이에 따라 혁신 저항에 부딪힐 수 있습니다. 하지만 오늘날 우리가 누리는 편익은 현상 유지를 주장한 사람들과 변화를 추구해 온 사람 중 후자의 손을 들어준 결과입니다. 혁신 저항을 슬기롭게 이겨낸 기술이나 제도가 살아남아 사회를 바꾼 것입니다. 새로운 모빌리티 서비스는 기술적 완성뿐 아니라 혁신 저항을 슬기롭게 극복해야 더 나은 미래를 만들 수 있습니다.

잠깐! 모빌리티 관련 문제 발생의 주요 원인과 변화

친환경 자동차

 1970년대

원인 · 오일 쇼크(1973년 아랍 산유국의 석유 무기화 정책, 1979년 이란 혁명 이후 두 차례에 걸친 석유·공급 부족 및 가격 폭등으로 세계 경제가 큰 혼란과 어려움을 겪음)

변화 · 미국에서는 석유가 비싸다는 생각을 넘어 '에너지 안보'로 인식
· 화석연료를 사용하는 내연기관 자동차 성능 개선을 통한 연비 경쟁 촉발
· 1976년 : 미국 의회에서 전기자동차 기술 개발을 촉진하고 상업적 타당성을 입증하기 위한 프로그램 제정 / 「Electric Vehicle Research, Development, and Demonstration Act」

1990년대

원인 · 미국 캘리포니아주 정부 대기자원위원회(CARB)에서 차량 판매 대수의 일정 비율을 무공해 차량으로 판매하도록 한 프로그램(Zero Emission, 배출 제로, 1990)
* 자동차 제작사 등의 반대로 프로그램이 폐지되었다가 수정·보완을 거쳐서 2003년부터 재시행
· 교토의정서(1997) 이행을 위한 각국 정부의 친환경 규제(탄소 배출과 연비)

변화 · 강력한 환경규제를 피할 수 있는 전기자동차 재등장(1996년 대량 생산 전기차 GM의 EV1 → 정유사 등의 반대, 경제성 등의 이유로 1999년 생산 중단)
· 2000년 : 미국, 일본 등에 비해 질소산화물(NOx) 배출이 많은 디젤 엔진 규제가 약하던 유럽에서 유로Ⅲ으로 배출가스 기준 강화

2000년대

원인 · 캘리포니아주 친환경 자동차 의무 판매제도 재시행(2003년) 등
변화 · 2003년 : 지구온난화 억제 방법을 연구하던 마틴 에버하드와 마크 타페닝이 테슬라 자동차 설립
· 2010년 : GM과 닛산 자동차는 캘리포니아 지역에 '리프'와 '볼트' 전기차 출시

2012년	변화 · 2012년 : 1회 충전으로 426km를 주행하는 테슬라의 전기자동차 모델S가 판매되면서 자동차 업계 전체에 큰 충격
2015년	원인 · 폭스바겐 디젤게이트 사건 변화 · 내연기관 성능 한계 인정, 친환경 자동차로 패러다임 전환
2021년	원인 · 2035년 이후 내연기관 자동차 판매 금지 선언(미국 캘리포니아, 유럽연합 등) 변화 · 친환경 자동차 개발 및 보급 가속

자율주행 및 공유 자동차

| 2004년 | 원인 · 군사 목적의 자율주행 기술의 민간 관심을 높이기 위한 다르파 경진 대회(참가자 중 완주한 팀 없음)
변화 · 현재 진행 중인 자율주행자동차 연구의 출발점 (민간 관심 높아짐) |
| 2008~2009년 | 원인 · 금융 위기로 인한 경제 불황
변화 · 공유경제 활성화
 · 자가용 대신 이용하는 승차 공유 활성화로 이동 방식 변화 |

미래 모빌리티의 첨단 기술은
누구를 위한 것일까?

 첨단 기술이 뒷받침되면 자율주행 전기자동차가 실현되는 거네요? 그러면 운전을 못 하는 저희도 탈 수 있겠어요!

그렇지. 운전을 못 하는 사람만이 아니라 이동하는 데 도움이 필요한 사람들에게도 혜택이 돌아갈 수 있는 기술이야.

하지만 초기에는 이용하는 데 비용 문제로 모두가 사용할 수 없을 수도 있어. 대중화를 위해 이용 가격이 낮아지도록 기술 개발에 노력하고 있는 이유이기도 해. 만일 우리가 어떤 이유로 이동할 수 없게 된다면 인간다운 삶이 가능할까?

이동(교통) 행위에 대한 기본권을 '이동권' 또는 '교통기본권'이라고 해. 기본권은 헌법에 따라서 보장되는 국민의 기본 권리를 의미하지. 대한민국 국민이라면 인간다운 삶을 영위하기 위해서 차별 없는 교통기본권을 보장받아. 「교통약자의 이동편의 증진법 제3조」에 "교통약자는 인간으로서의 존엄과 가치 및 행복을 추구할 권리를 보장받기 위하여 교통약자가 아닌 사람들이 이용하는 모든 교통수단, 여객시설 및 도로를 차별 없이 안전하고 편리하게 이용하여 이동할 수 있는 권리를 가진다"라고 명시되어 있단다. 교통약자란 「교통약자 이동편의 증진법 제2조 제1호」에 따르면 '장애인, 고령자, 임산부, 영유아를 동반한 사람, 어린이 등 일상생활에서 이동에 불편을 느끼는 사람'이야. 우리나라 국민의 약 30%가 교통약자에 해당해.

자율주행자동차는 교통기본권을 보장하는 정의로운 이동을 가능하게 할 거야. 정부에서는 장애인 콜택시를 저렴한 비용으로 운행하도록 예산을 투자하고 있지만 현실적으로 한계가 많아. 시각 장애인은 대중교통 이용을 엄두도 못 내고, 주로 택시나 가족이 운전하는 자가용을 이용하고 있어. 직접 운전이 어려운 임산부나 고령자 들은 보호자의 도움을 받아야 이동할 수 있고. 완전 자율주행자동차는 이런 교통약자들의 이동권과 교통기본권을 보장하는 데 이바지하게 될 거야. 우리가 만드는 미래 모빌리티 기술의 중심에는 이처럼 사람이 있다는 걸 기억해야 해.

상상해 온 미래가
곧 현실이 된다!

   이 책을 쓰는 동안 기후 위기로 세계 여러 나라에서 자연 재난 뉴스가 계속 이어졌습니다. 지구에서 가장 덥고 건조한 지역인 미국의 데스밸리 국립공원에서는 일 년 강수량의 75%가 하루에 내리기도 하고 여름에는 50℃ 이상으로 기온이 오르기도 했습니다. 유럽에서는 여름 날씨가 서늘한 것으로 알려진 영국에서 40℃를 넘는 폭염이 발생했고 프랑스에서는 폭우로 파리가 잠겼습니다. 아시아의 파키스탄에서도 큰 홍수가 발생했습니다. 우리나라는 기록적인 폭우가 쏟아져 강이 넘치고, 산사태가 일어나 인명피해가 발생했습니다. 기후 위기 대응이 늦어질수록 이러한 일들은 더 자주 더 많이 발생할 것입니다.

이 책에서는 이러한 기후 위기에 대응할 친환경 대안으로 미래 모빌리티를 소개했습니다. 미래 모빌리티의 전부는 아니지만 자율주행자동차와 도심항공교통, 개인형 이동장치, 공유 교통과 통합연계 서비스 등 자주 언급되는 대표적인 기술을 설명했습니다. 소개한 미래 모빌리티는 라이다·레이더·카메라 등의 센서들과 빅데이터, 인공지능 기술, 5G 통신기술, 반도체, 고성능 배터리 등 첨단 기술의 집합체입니다.

이들 기술 개발의 궁극적인 목적은 지구환경과 삶의 편익 추구에 있습니다. 그런 점에서 미래 모빌리티를 다룰 때는 과학과 기술적 관점에서만 접근할 것이 아니라 균형감 있는 사고가 필요합니다. 완전히 자동화된 문명의 편익만 생각하면 곤란합니다. 완전 자율주행 기술에만 치우쳐 현재의 문제에서 손을 놓아서도 안 됩니다. 재생에너지 기술이나 인공지능 기술, 저전력 반도체 등의 첨단 미래과학의 개발에만 달려갈 것이 아니라 내연기관 자동차의 이용을 줄이고 걷거나 자전거 타기 등의 친환경 행동도 동반해야 합니다.

도로에서 안전은 그 무엇보다 중요합니다. 그리고 누구나 차별 없이 안전하게 이동할 수 있어야 합니다. 장소와 장소를 이동하는, 도시와 도시를 잇는 교통은 도로라는 한정된 공간을 이용하는 이동 수단입니다. 도로를 지날 수 있는 차량 수에 한계가 있고, 버스나 철도·지하철도 한 번에 탈 수 있는 사람 수에 한계가 있습니다. 따라서 이용자가 많을수록 혼잡해질 수밖에 없습니다. 우리가 쾌적하게 교통수단을 이용하려면 질서를 지키고 서로를 배려하는 태도가 필요합니다.

인류 역사는 혁신에 손을 들어주었습니다. 문제와 위기 해결을 위한 노력에서 변화가 시작되었습니다. 그리고 부침이 있더라도 한 걸음씩, 한 계단씩 발전해서 현재까지 왔습니다. 지금 우리가 생각한 과제들은 한 번에 실행될 수는 없습니다. 사회적 합의, 즉 토론과 수정, 개선을 반복하며 변화를 위한 에너지가 충만해지면

1965년 이정문 화백이 그린 〈서기 2000년대 생활의 이모저모〉

서 실현될 것입니다.

많은 사람이 살고 있는 현재의 도시를 지속가능한 도시로 만들려면 어떤 준비가 필요하고, 어떻게 대응해야 할지 이 책을 통해 조금이나 실마리를 얻었길 바랍니다.

마음껏 미래를 상상합시다. 미래를 아는 방법의 하나는 자기 스스로가 미래를 만드는 것이니까요. 1965년 이정문 화백의 〈서기 2000년대의 생활의 이모저모〉라는 한 컷 만화가 있습니다. 놀랍게도 1965년에 이미 태양열을 사용하는 집과 전파신문, 전기자동차, 소형 TV, 전화기, 원격 진료, 원격 수업 등을 상상했습니다. 2024년 현재 달나라 수학여행 가는 것 빼고는 다 실현되었습니다. 시대를 뛰어넘은 상상력에 경의를 표합니다.

앞으로의 미래를 그리는 일, 새롭게 변화될 미래 사회에서 "구경꾼이 될 것인가, 주인공이 될 것인가?"의 대답은 이제 우리의 몫입니다.

제1장

1 김영기 역(1990), Lewis Mumford 저, 《역사 속의 도시*The city in history*》, 명보문화사, p.333. / 대한국토 도시계획학회, 《서양도시계획사》, 보성각, p.105에서 재인용.

2 위키백과 (검색어: 바퀴)

3 프랑스 교통박물관 웹사이트(검색일: 2023.10.3), 〈교통의 일반 역사*Histoire générale des transports*〉, Archived from the original on 18 July 2011. Retrieved 16 September 2010. http://www.amtuir.org/03_htu_generale/htu_1_avant_1870/htu_1.htm

4 Herodote.net(검색일: 203.10.3), 〈혁명의 시대*Le temps de révolutions*〉, Retrieved 16 September 2010. Retrieved 13 June 2008. https://www.herodote.net/10_aout_1826-evenement-18260810.php

5 권홍우(2020.3.17), 〈파스칼이 선보인 최초의 버스〉, 서울경제신문 '오늘의 경제소사', https://www.sedaily.com/NewsView/1Z08GGYBVM

6 위키백과 (검색어: George Stephenson, 조지 스티븐슨)

7 나무위키 (검색어: 런던지하철)

8 위키백과 (검색어: 노면전차)

9 변완희(2021.3), 《퓨처라마-모빌리티 혁명의 미래》, 크레파스북, p.39.

10 두소영, 〈자동차, 그 끝없는 진화〉, 특허청 홈페이지 그리고 위키백과.

11 오재학 외(2022.8), 《모빌리티 대전환》, 한국교통연구원, p.194~195.

12 Y Zahavi(1977), 〈여행, 수요, 시스템 공급과 도시 구조 사이의 균형*Equilibrium Between Travel, Demand, System Supply ans Urban Structure*〉, In Visser E.J. Transport Decision in an age of Uncertainty

13 에드워드 글레이져(2011.8), 《도시의 승리》, ㈜해냄출판사, p.22-26.

14 OECD & European Commission(2020), 〈세계의 도시, 도시화의 새로운 시각*Cities in the World, A New Perspective on Urbanization*〉 OECD Urban Studies, p.18.

15 진장원(2015), 〈도시교통 전략을 바꾸는 트램 도입 방안: 스트라스부르 시를 사례로〉, 교통기술과 정책, 제12권 제5호, p.20.

16 주 OECD 대한민국 대표부(2020.12.19), 〈세계 도시의 현재와 미래 전망〉 p.12.

17 통계청(2017), 〈경제총조사 조사보고서(2015)〉

18 변완희(2021.3), 《퓨처라마-모빌리티 혁명의 미래》, 크레파스북, p.72-76.

19 한국자동차산업협회, 〈세계자동차통계 2017〉

20 그린피스(2019.9), 〈무너지는 기후: 자동차 산업이 불러온 위기〉, p.2, p12.

21 최은서(2020.6.16), 〈전기차는 정말 친환경차일까?〉, 그린피스 코리아 홈페이지 - 캠페인 소식. (https://www.greenpeace.org/korea/update/13651/blog-ce-core-contents-ev/)에서 재인용

[추가 문헌]

United Nations(2019), 〈세계의 도시화 전망 2018년도 개정판*World Urbanization Prospect The 2018 Revision*] p.58, p.65.

제2장

1 강찬수(2022.3.5), 〈로마클럽 '성장의 한계' 발간 50주년…그들의 예언은 맞았나〉, 중앙일보

2 위키백과 (검색어: 브룬툴란 위원회)

3 원제무(2010.3), 〈녹색으로 읽는 도시계획〉, 도서출판 조경, p.12-17, 28-29, 80, 109-111.

4 한국에너지공단(2020.6), 〈에너지 첫걸음〉, p.4.

5 에너지경제연구원 홈페이지, 〈에너지 수급현황 통계(2012-2020)〉

6 bp(2020.6), 〈세계 에너지 통계 리뷰*Statistical Review of World Energy*〉 69th Edition, p.9.

7 장문수·강동진(2021.11.25), 《부를 위한 기회, 에너지 전환과 모빌리티 투자》, 원앤원북스, p.61-62.

8 환경부 보도자료(2020.9.29), 〈온실가스 배출량 2018년 2.5% 증가, 2019년 3.4% 감소〉 p.11.

9 국토교통부(2021.12), 〈제2차 지속가능 국가교통물류발전 기본계획〉, p.18.

10 과학기술정책서비스(2021.6.9), 〈블룸버그NEF, 전기자동차 전망 2021 보고서 발표〉에서 재인용 / 원출처 *Bloomberg NEF, Electric Vehicle Outlook 2021*

11 외교부 홈페이지, 〈기후변화체제〉. (https://overseas.mofa.go.kr/www/wpge/m_20150/contents.do)

12 최은서(2020.6.16), 〈전기차는 정말 친환경차일까?〉, 그린피스 코리아 홈페이지 - 캠페인 소식. https://www.greenpeace.org/korea/update/13651/blog-ce-core-contents-ev/에서 재인용

13 현대자동차(2022), 〈2022 현대자동차 지속가능성 보고서〉 p.24 (차종별 LCA 결과)

14 나무위키 (검색어: 전기자동차)

15 Travis Kalanick(2016), 〈더 많은 사람을 더 적은 수의 자동차로 이동시키기 위한 우버의 계획*Uber's plan to get more people into fewer cars*〉, TED강연 https://www.ted.com/

talks/travis_kalanick_uber_s_plan_to_get_more_people_into_fewer_cars

16 정재승 등(2019.10.11), 《십 대, 미래를 과학하라!》, (주)청어람미디어, p.88-89.

17 변완희(2021.3), 《퓨처라마-모빌리티 혁명의 미래》, 크레파스북, p.75-76에서 재인용

18 이인우(2016.3.17), 〈30분 정도 불편 없이 걸을 수 있는 동네가 좋은 도시〉, 한겨레신문

19 구희성 역(2022)(원저 Shane O'Mara), 《걷기의 세계》, 도서출판 미래의 창, p.167.

20 United Nations Sustainable Development Solutions Network(2017), 〈세계 행복 보고서World Happiness Report〉

21 이왕건 등(2015), 〈도시재생 선진사례와 미래형 도시정책 수립 방향〉, 국토연구원, p.86.

22 환경부, 〈폭스바겐 조작사건 궁금증 풀어보기〉, p.2.

23 슈피겔(2016.9) https://www.spiegel.de/spiegel/print/index-2015.html

24 정지훈·김병준(2017.9), 《미래자동차 모빌리티 혁명》, (주)메디치미디어, p.212-213.

[추가 문헌]

기상청(2020.12), 〈지구온난화 1.5℃ 특별보고서〉 해설서, p.3-4, 12-13.

대한민국정부(2020), 〈대한민국2050 탄소중립 전략〉, p.68-74.

제프리 툼린(2015.9.10), 《지속가능한 교통계획 및 설계》, 한울아카데미, p.160-161.

제3장

1 한국경제매거진(2019.10.28), 〈한경비즈니스〉, 제 1248호(2019.10.28.~2019.11.03) (모빌리티 혁신기업 지도)

2 구나현(2020.7.3), 〈특허 받은 최초의 전동 킥보드는 어떤 모습이었을까? (feat.퍼스널 모빌리티), 특허청 공식블로그 지식재산 정책기자단

3 외교부 홈페이지, 〈기후변화체제〉 https://overseas.mofa.go.kr/www/wpge/m_20150/contents.do

4 KOTRA(2011.4.5), 〈선진국의 환경규제와 기업의 대응사례〉, Global Issue Report, p.1, p.3~6.

5 위키백과 (검색어: 전기자동차)

6 나무위키 (검색어: 전기자동차)

7 과학동아(2021.9), '3장 친환경 세상에 플러그인 전기차', 〈퓨처모빌리티Future mobility〉, p.41~61.

8 김덕현(2023.1.3), 〈전기차 충전소 부족이 가장 불편〉, 교통신문. http://www.gyotongn.com/news/articleView.html?idxno=340751

9 최은서(2020.6.16), 〈전기차는 정말 친환경차일까?〉, 그린피스 코리아 홈페이지 - 캠페인 소

식. https://www.greenpeace.org/korea/update/13651/blog-ce-core-contents-ev/에서 재인용

10 포스코 뉴스룸(2023.2.1), 〈⑥ 이제는 순환경제 시대. 다 쓴 배터리도 돈이 된다?! 〉, 포스코 홀딩스, 〈궁금한 THE 이야기〉 2차전지 6편

11 포스코 뉴스룸(2022.8.29), 〈② 배터리 성능을 올려라! '양극재' A to Z〉, 포스코 홀딩스, 〈궁금한 THE 이야기〉 2차전지 2편

12 나무위키 (검색어: 수소전기차)

13, 14, 15 과학동아(2021.9), 〈퓨처모빌리티, Future mobility〉, '4장 오래된 미래 수소차', p.65~67, p.71, p.80, p.83~86.

16 나무위키 (검색어: 공유경제)

17 변완희(2021.3.8), '공유자동차', 〈퓨처라마-모빌리티 혁명의 미래〉, p.128~142.

18 권용주·오아름(2021.9.14), '자동차 회사는 왜 카셰어링에 주목할까?', 《모빌리티 미래권력》, 무블출판사, p.137~140.

19 변완희(2021.3.8), 〈퓨처라마-모빌리티 혁명의 미래〉, p.153에서 재인용

20 UAM 팀 코리아(2021.9), 〈한국형 도심항공교통(K-UAM) 운용개념서 1.0)〉, 국토교통부 미래드론담당관, p.26~29. (K-UAM 회랑 선정 및 관리)

21 UBER(2016.10.27), 〈주문형 도심항공교통의 미래상을 위한 연구*Fast-Forwarding to a Future of On-Demand Urban Air Transportation*〉, p.2.

22 삼정KPMG 경제연구원(2020), 〈하늘 위에 펼쳐지는 모빌리티 혁명, 도심 항공 모빌리티 *Urban Air Mobility, UAM*〉, Samjung INSIGHT, Vol.70, p.8~15.

23 현대자동차그룹, 〈모빌리티 트랜드 3편 - UAM으로 여는 미래 도시의 하늘 길〉, https://www.hyundai.co.kr/story/CONT0000000000001690

24 임재현(2021.12.27), 〈하늘까지 아우르는 모빌리티…UAM 경쟁 점화〉, 디지털데일리. https://m.ddaily.co.kr/page/view/20211227153146657554에서 재인용

25 서성현(2021.12), 《모빌리티의 미래》, 반니 출판사, p.143~161.

26 연합뉴스(2022.2.7), 〈SKT, 미국 조비에이션과 도심항공교통 사업 제휴〉

27 Sky News UK(2022.1.24), 〈하늘을 나는 자동차가 슬로바키아 정부의 비행허가를 받았다*'AirCar': Dual-mode vehicle that can transform from a car into a plane is certified to fly after passing tests in Slovakia*〉

28 소재현(2021), 〈통합이동서비스(MaaS) 산업관련 해외 규제 동향 조사·분석〉, 한국법제연구원 규제혁신법제 연구, p.75~76.

29 김진형(2020.6.14), 〈서비스형 모빌리티(MaaS) 그리고 COVID-19〉, 한국자동차공학회, 오토저널, p.41~44.

30 과학동아(2021.9), 〈퓨처모빌리티, Future mobility〉, '4장 오래된 미래 수소차', p.79~80.

제4장

1 위키백과 (검색어: 무인자동차)

2 나무위키 (검색어: 자율주행자동차)

3 이강준(2021.3.15), 〈30년전 K-자율주행 개발했지만…'불필요' 정부에 막혔다〉, 머니투데이

4 한국산업기술평가관리원(2017.3.10), 〈DARPA 챌린지 대회〉, GT 심층분석보고서 p.7~10.

5 이정동(2022.1.6), 〈화이트 스페이스〉, KBS 신년기획 '다음이 온다' 제1부

6 SAE J3016(2019.1.7), 〈자율주행 수준*Levels Of Driving Automation*〉, SAE International. https://www.sae.org/news/2019/01/sae-updates-j3016-automated-driving-graphics

7 위키백과 (검색어: 트롤리 딜레마)

8 서성현(2021.12), 《모빌리티의 미래》, 반니 출판사, p.110~111.

9 EVPOST(2020.7.30), 〈자율주행자동차가 세상을 보는 방법은 여러 가지이다.〉

10 연합뉴스(2022.7.22), 〈중국 바이두, 자율주행차 경쟁에서 美 테슬라 추월〉

11 EVPOST(2020.7.30), 〈자율주행자동차가 세상을 보는 방법은 여러 가지이다.〉

12 Ai타임스(2021.2.19), 〈자율주행차의 '눈', 라이다 vs 레이터…승자는?〉

13 나무위키 (검색어: 라이다)

14 나무위키 (검색어: 인공지능 칩)

15 심구아니(2023.4.30), 〈테슬라 차량용 반도체는 누가 만들까〉. https://simguani.tistory. com/entry/테슬라-차량용-반도체는-누가-만들까

16 위키칩 https://en.wikichip.org/wiki/tesla_(car_company)/fsd_chip#google_vignette

17 한국경제(2023.7.18), 〈이재용, 머스크 만나 담판…'자율주행칩 빅3' 모두 수주〉

18 국토교통부 국토지리정보원 홈페이지 https://www.ngii.go.kr/kor/main.do

19 Dmitri Dolgov (웨이모 공동 CEO), 〈우리가 세계에서 가장 편한 도시 운전자를 만드는 방법〉. https://waymo.com/blog/2021/08/MostExperiencedUrbanDriver.html

20 Rui Quia 등(2020), 〈이미지 기반 3D 객체 감지를 위한 종단연결 유사-라이다*End-to-End Pseudo-LiDAR for Image-Based 3D Object Detection*〉, CVPR2020 p.5882~5890, IEEE Xplore

21 Yan Wang et al.(2019), 〈시각 깊이 추정 기반 유사 라이다: 자율주행을 위한 3D 물체 감지의 격차 해소*Pseudo-LiDAR from Visual Depth Estimation: Bridging the Gap in 3D Object Detection for Autonomous Driving*〉, Open Access version, provided by Computer Vision Foundation, IEEE Xplore

22 서성현(2021.12), 《모빌리티의 미래》, 반니 출판사, p.121.

23 한국자동차연구원(2020.12.14), 〈테슬라 자동차 자율주행(FSD)은 무엇이 다른가〉, 산업동향 Vol.48

24 정재승(2018.7.2), 《열두 발자국-생각의 모험으로 지성의 숲으로 지도 밖의 세계로 이끄는 열두번의 강의》, 어크로스 출판사, P.221~240.

25 정재승(2019.9.17), 《뇌공학의 최전선에서는 무슨 일이 벌어지고 있는가》, 혁신의 목격자들, 어크로스 출판사, p.114.

26 LG CNS AI 빅데이터 연구소(2020), 〈딥러닝, 데이터로 세상을 파악하다(1)〉, LG CNS공식 블로그

27 정석우·심현철(2017.3), 〈자율주행자동차의 인공지능〉, 기계저널, Vol.57 No.3, p.42~45.

28 나무위키 (검색어: 테슬라 오토파일럿)

29 Ai타임스(2022.8.25), 〈테슬라, 엑사플롭 AI슈퍼컴퓨터 도조(Dojo) 공개〉

30 테슬라(2021), AI Day 발표 동영상
https://www.youtube.com/watch?app=desktop&v=7NCkxV_vMdY

31 이재은(2023.2.23), 〈도로 미세먼지 76%가 '타이어마모'…배기가스보다 위험〉, 뉴스 트리

32 장수은(2021.3.5), 〈미세먼지 주범은 경유차? 문제는 비연소성 미세먼지〉, 프레시안

33 장수은(2023.2), 〈전기차 보급 확대만으로 교통부문의 미세먼지 문제가 해결될까?〉, 한국 철도학회 2023년 춘계학술대회

34 장수은 등, 〈도로교통과 도시지역 미세먼지 농도 사이의 구조적 인과관계*Structural Casuality Between Road Traffic and Particulate Matter Concentrations in Urban Areas*〉, Transportation Research Record: Journal of the Transportation Research Board, Online

35 김예준(2023.5.25), 〈전기차의 배신…미세먼지의 주범이 된 전기차들, 해결방법은 '오리무 중'〉, Auto Tribune에서 재인용. 원출처 우상회 등(2022.10.10), 〈전기자동차와 내연기관 자동차에서 배출되는 총 PM 배출량 비교: 실험적 분석*Comparison of total PM emissions emitted from electric and internal combustion engine vehicles: An experimental anlaysis*〉, Science of The Total Environment, Vol. 842.

제5장

1 Parking Today Media(2011.9.28), 〈IBM의 세계 주차 조사*Gloabal Parking survey From......IBM?*〉, www.parkingtoday.com에서 재인용. 원출처 IBM(2011), 〈IBM 세계 주차 조사*IBM Global Parking Survey*〉

2 국토교통부 대도시권광역교통위원회 보도자료(2023.6.27), 〈대도시권 광역 통행량 전년대 비 7.0% 증가〉에서 재인용. 원출처 국토교통부, 〈대도시권 광역교통위원회, 2022년 대도 시권 광역교통조사 보고서〉

3 문석준(2021), 〈2025년 드론택시 나온다〉, KDI 경제정보센터 경제정책해설, 2021년 1월호 p.48~49.

4 관계부처 합동(2020.5), 〈도시의 하늘을 여는 한국형 도심항공교통(K-UAM) 로드맵, p.9.

5 Guidehouse INSIGHTS(2023.1), 〈*Guidehouse Insights Leaderboard: Automated*

Driving Systems, 자율주행시스템)

6 권용주·오아름(2021.9.14), '자동차 회사는 왜 카셰어링에 주목할까?', 《모빌리티 미래권력》, 무불출판사, p.137.

7 권용주·오아름(2021.9.14), 《모빌리티 미래권력》, 무불출판사, p.97~109.

8 산업통상자원부 보도자료(2022.4.22), 〈2030년까지 미래차 전문인재 3만명 양성한다〉

9 과학기술정보통신부 보도자료(2022.6.27), 〈과기정통부, 인공지능(AI) 반도체 산업 성장 지원대책 발표〉

10 한국자동차연구원(2022.5), 〈미래차 산업 전환이 고용에 미치는 영향〉

11 감사원(2022.5), 〈감사보고서 인구구조변화 대응실태Ⅴ-생산인력 확충 분야〉

12 강소라(2016.12.14), 〈친환경자동차 의무판매제 도입의 비판적 검토〉, 한국경제연구원 KERI Brief p.16~38.

13 전황수(2012.6), 〈주요국의 전기자동차 정책 및 시사점〉, 한국전자통신연구원, 전자통신동향분석 제27권 제3호, p.186~188.

14 임지훈(2010.11.15), 〈2012년 전기자동차 운명의 날 준비하는 日〉, KOTRA 해외시장뉴스

15 황혜정(2017.11.24), 〈혁신, '낯섦'의 저항 극복할 수 있어야〉, LG경제연구원

16 김동영(2019.4.22), 〈'4차산업혁명 이야기' 미국의 혁신기업들은 기술과 문화의 결합으로 탄생했죠〉, 한경닷컴

17 김현석(2022.6.13), 〈유가 끌어올린 美자국산업보호법〉, 한경닷컴

18 나무위키 (검색어: 적기조례)

이미지 출처

18쪽   https://en.wikipedia.org/wiki/Carcassonne#/media/File:1_carcassonne_aerial_2016.jpg

19쪽   https://en.wikipedia.org/wiki/File:Delondre_-_Dans_l%27omnibus_-_P2215_-_Mus%C3%A9e_Carnavalet.jpg

20쪽   https://en.wikipedia.org/wiki/August_von_Wille#/media/File:Barmen_(1870).jpg

21쪽   위 https://en.wikipedia.org/wiki/Horsebus#/media/File:Shillibeer's_first_omnibus.png

23쪽   위 https://en.wikipedia.org/wiki/George_Stephenson#/media/File:First_passenger_railway_1830.jpg
아래 https://upload.wikimedia.org/wikipedia/commons/9/90/First_electric_tram-_Siemens_1881_in_Lichterfelde.jpg

25쪽 위 https://en.wikipedia.org/wiki/Benz_Patent-Motorwagen#/media/
File:1885Benz.jpg
아래 https://es.wikipedia.org/wiki/Ford_T#/media/Archivo:A-line1913.jpg

53쪽 정재승 등(2019.10.11), 《십 대, 미래를 과학하라!》, (주)청어람미디어, p.40.

70쪽 위 왼쪽 https://onlinebicyclemuseum.co.uk/1918-eveready-autoped-
scooter/
위 오른쪽 https://en.wikipedia.org/wiki/Priscilla_Norman#/media/File:Lady_
Florence_Norman.jpg
아래 서울특별시 송파구청

85쪽 https://www.zipcar.com

90쪽 한화시스템

105쪽 위 https://en.wikipedia.org/wiki/DARPA_Grand_Challenge#/media/
File:UrbanChallenge_StandfordRacingandVictorTango.JPG

아래 https://en.wikipedia.org/wiki/DARPA_Grand_Challenge#/media/
File:ElementBlack2.jpg

117쪽 Velodyne 홈페이지(현재는 오스터 회사OUST·Ouster Inc에 인수합병)

118쪽 위 Velodyne 홈페이지(현재는 오스터 회사OUST·Ouster Inc에 인수합병)

아래 https://waymo.com/blog/2021/08/MostExperiencedUrbanDriver.
html)

124쪽 https://sdc-james.gitbook.io/onebook/2.-1/1./1.1.1.-cpu-gpu
https://www.nvidia.com/ko-kr/design-visualization/resources/rtx-
embedded/

126쪽 Tesla

128쪽 Tesla https://simguani.tistory.com

129쪽 https://en.wikichip.org/wiki/tesla_(car_company)/fsd_chip#google_vignette

134쪽 https://www.youtube.com/watch?app=desktop&v=7NCkxV_vMdY

136쪽 Hyundai AutoEver https://m.kmib.co.kr/view.asp?arcid=0016936193

141쪽 Rui Quia 등(2020), 〈이미지 기반 3D 객체 감지를 위한 종단연결 유사-라이다
End-to-End Pseudo-LiDAR for Image-Based 3D Object Detection〉, CVPR2020
p.5882~5890, IEEE Xplore.

157쪽 https://transportup.com/headlines-breaking-news/uber-elevate-
reveals-16-new-skyport-concepts-additional-ground-operations-
partners/

167쪽 박종록(2023.12.5), 〈국가전략기술 기술주권 브리프: 자율주행시스템〉, 한국과학기술
기획평가원 KISTEP 브리프 104, p.17.

177쪽 이정문(1965). 〈새소년 클로버문고〉, 제30권, p.16.